U0250472

国家社科基金青年项目"生态文明建设视域下的汉江流域水源地补偿机制研究"资助出版，项目编号19CGL051

环境综合治理政策的比较与协同机制研究

The Comparison and Coordination Mechanism of Comprehensive Environmental Governance Policies

周博雅 著

WUHAN UNIVERSITY PRESS

武汉大学出版社

图书在版编目(CIP)数据

环境综合治理政策的比较与协同机制研究/周博雅著.—武汉:武汉大学出版社,2020.11

ISBN 978-7-307-21615-0

Ⅰ.环… Ⅱ.周… Ⅲ.环境综合整治—环境政策—研究—中国 Ⅳ.X321.2

中国版本图书馆 CIP 数据核字(2020)第 113488 号

责任编辑:朱凌云 责任校对:李孟潇 版式设计:马 佳

出版发行:**武汉大学出版社** (430072 武昌 珞珈山)

(电子邮箱:cbs22@whu.edu.cn 网址:www.wdp.com.cn)

印刷:武汉中远印务有限公司

开本:720×1000 1/16 印张:12.5 字数:174 千字 插页:2

版次:2020 年 11 月第 1 版 2020 年 11 月第 1 次印刷

ISBN 978-7-307-21615-0 定价:45.00 元

前　言

　　当前，环境问题已经成为了制约中国社会和经济可持续发展的重要因素。提高环境质量、补齐环境短板也成为广大民众的热切期盼。随着各界对环境问题重视程度的日益提升，政府颁布一系列环境综合治理政策来应对各类环境污染问题，提升环境绩效。但是当前公共管理学界对于环境综合治理政策的设置与执行是否能够有效提升环境绩效并没有明确和科学的结论。为填补相关领域的研究空白，本书将对不同类型的环境综合治理政策进行分析和比较，同时对其协同机制展开研究。

　　本书在分析相关文献和省级政府政策文本的基础上，采用定量研究的方式，构建以公开环境统计数据为基础的量化指标体系。本书将分析2007年至2015年的一般性环境综合治理政策、经济类环境综合治理政策和强制性省级环境责任政策三类环境综合治理政策的制定与颁布对省级环境绩效的影响。本书还将基于政策设置的合理性与有效性，政府投入的政策资源，政府拥有的政策协同与执行力和政策协同与执行手段四项维度，根据上述三类环境综合治理政策的相关情况选取典型且对各类环境综合治理政策执行产生影响的因素，利用面板数据模型分析环境综合治理政策的执行对省级环境绩效的影响。

　　本书的创新点在于采用公共管理和公共政策的学术视角研究环境综合治理政策及其协同问题，首次将三类不同的主流环境综合治理政策纳入一项研究中进行比较分析，并且有机地整合了环境综合治理政策的制定与颁布、环境综合治理政策的执行和环境绩效三个研究领域。

本书厘清了当前我国环境综合治理政策的主要类别，并在文献分析和数据收集的基础上构建了衡量环境综合治理政策及影响其执行的因素的指标体系，找出了环境事件的利益构成，并为各方构建合作创造了契机。本书的分析与结论能够建立合理的环境绩效评估长效机制，为省级环境绩效的评估提供有益的政策分析工具，有效辅助政府决策的进行，破解当前环境保护与经济发展不能兼顾的困局。

在本书撰写过程中，作者参阅了大量有关著作和文献，做了极其扎实的前期研究工作，在此基础上完成了这部兼具学术意义与现实价值的著作。落实好环境综合治理工作是关系国计民生的大事，是推动国家治理体系和治理能力现代化的重要内容。作者瞄准当前环境综合治理中的理论与实践难题，以科学严谨的方法、严密的逻辑以及专业深入的分析对我国环境综合治理政策的相关内容进行考察。本书既是对环境治理研究领域的新拓展，亦为我国深化环境综合治理改革、健全环境治理体制机制贡献了智慧，体现出作者深厚的理论功底以及强烈的社会责任感。在从事学术研究的道路上，作者始终虔诚求知，理性思考，严谨治学，这些态度都是难能可贵的，相信本书作者能一如既往地秉持科学精神，着眼于公共管理学科和人类社会的长远发展，致力于发挥人文社科的价值，创造出更多符合时代需要的高水平学术成果。我相信作者在这条道路上会越走越远。

全国公共管理专业学位研究生(MPA)教育指导委员会委员

华中科技大学非传统安全研究中心教授

徐晓林

2020 年 6 月于武汉

目　　录

第1章 绪 论

1.1 问题的提出

自改革开放以来，伴随着经济的快速发展，我国各地区面临着日益严重的环境问题。特别是近十年时间，环境问题已经成为影响民众健康和我国可持续发展最为重要的因素。虽然中国政府展现出了重视环境问题的决心和"壮士断腕"治理环境问题的勇气，但是"边污染边治理"和"上有政策，下有对策"的环境治理模式并没有发生本质性的改变，当前我国依然面临着严峻的环境问题（李永友，沈坤荣，2008）。自2014年起，中国颁布新的《中华人民共和国环境保护法》，这标志着我国政府把环境问题提升到一个新的高度，更加重视环境因素在我国社会经济可持续发展中的地位和作用。重视环境综合治理也是践行"美丽中国""生态文明"等理念，全面实现社会主义核心价值观的重要手段与根本要义。

为了实现环境综合治理目标，我国政府采取多元化的措施和手段应对当前严峻的环境问题，提升环境绩效。一方面，国家加大对于环境污染治理的投资力度。自2000年至2014年，中国的环境污染治理投资额度从1166.7亿元上升至9575.5亿元（见图1-1）。另一方面，国家强化环境综合治理政策的制定与执行，明确环境综合治理目标。从"六五"计划起，我国政府就开始制定环境保护的相关规定和环境综合治理计划

1

（於方等，2009）。从"十一五"计划起，我国开始明确提出环境保护和环境综合治理的目标。一些学者认为这对于有效解决当前面临的环境问题，提升环境绩效有着十分突出的作用（胡鞍钢等，2010）。

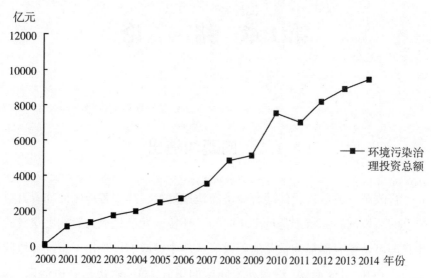

图1-1 2000—2014年中国环境污染治理投资额度

资料来源：根据《中国环境统计年鉴2015》由笔者自制。

Harrison和Kostka指出，中国中央政府自2006年起开始推广实施的环境综合治理约束性考核指标和环境一票否决制是改善环境绩效，提升环境综合治理政策协同与执行力度的重要保障（2012）。约束性指标的设立，增强了环境综合治理政策协同与执行力度在官员考评体系中的分量，将环境绩效与官员升迁直接挂钩（Schreifels et al，2012）。地方官员能够获得的政治资本和经济利益与其进行环境综合治理，执行环境综合治理政策的力度以及地方环境绩效形成了密切的利益关联（Gao，2009）。因此，在逐利与自利动机的有效激励下，官员会在其自主权的范围内尽最大可能执行环境综合治理政策，推动环境绩效的改善，使得地方政府成为解决中国环境问题不可或缺的重要组成部分（Jahiel，

1997；Heberer and Schubert，2012)。

但是对于当前我国环境综合治理政策的治理模式和执行力度对环境绩效改善的效果，一些学者仍然持有谨慎的态度。他们认为当前中国的环境综合治理政策并不能够在地方得到有效的贯彻和执行(Zhou et al，2013)。在很大程度上，地方政府和官员个人的自利性、差异化的政治经济考量以及产业的"地方保护主义"盛行，都成为地方官员抵制环境综合治理政策的重要诱因(Zhou and Lian，2011)。此外，由于环保部门缺乏有效整合，没有强制执法权，地方环保部门面临多头管理和地方行政主官干预等现象(Tong，2007)。因此，当前的环境综合治理政策和应对措施是否能够有效提升环境绩效仍然有待商榷。虽然当前学界已经就采用约束性措施推动环境综合治理和政策协同与执行的理论作用达成广泛共识，但是在操作层面，基层政府的多元化利益诉求和短视效应使得环境综合治理政策的执行难以摆脱政府与部分企业间的合作博弈，以及以维持经济持续高速增长为基础的地方发展模式，最终会导致环境综合治理政策协同与执行的失效(Zhou et al，2013)。

此外，确保环境综合治理政策协同与执行的约束性机制，特别是明确的奖惩机制在地方政府实际操作的过程中往往容易被异化或者泛化。环保政策中能够真正提升和保证环保绩效的约束或者奖励机制往往被地方政府具体的行政操作流程所规避，导致环境综合治理政策协同与执行的失效(冉冉，2013)。中国当前环境信息的真实度和公开度也成为了学者攻击环境综合治理政策协同与执行对环境绩效的影响的重要方面。一方面，统计数据的信度缺乏导致了难以准确评估环境综合治理政策协同与执行对于环境绩效的影响；另一方面，地方政府瞒报、谎报，随意修正环境统计数据当前仍然屡见不鲜且缺乏有效监管。这种低成本的违规行为在一定程度上弱化了环境综合治理政策的执行力度，降低了地方政府和官员执行环境综合治理政策的动机和意愿(Andrews，2008)。陈潭和刘兴云指出，虽然当前制定了环境考评体系来监督官员的环境综合治理政策协同与执行力度，且将环境综合治理政策协同与执行与官员职务升迁挂钩，但是从微观角度看，并没有明确的迹象表示环境绩效与官员升迁呈现显著相关(陈潭，刘兴云，2011)。

因此，当前我国的区域环境综合治理政策和政策协同与执行对于环境绩效改善的影响并没有在学界得到统一的答案。特别是在当前形势下实行的一系列约束性环境综合治理政策措施是否能够到达政策设计的目标，提升环境绩效尚无定论。这不仅仅在学界造成了研究上的分歧，更给具体的政策制定者和政策协同与执行者造成了困惑，不利于我国环境综合治理政策的可持续发展和环境绩效的有效提升(唐啸等，2013)。在此背景下，本书拟从省级政府的层面研究我国地方的环境综合治理政策模式以及相关政策的执行与协同对于环境绩效的影响，以期给当前学界的困局提供合理的理论解释，也为我国的环保实践提供有益的参考依据。

1.2　研究目的及意义

省级行政单位是我国行政体系中的重要行政级别，省级政府和有关部门在传达中央政府政策，督导地方政府执行各项政策措施的过程中起到了承上启下的重要作用。省级政府同时也是唯一具有权力制定适用于本地区经济和环境发展的环保政策的地方政府(省级政府以下各级地方人民政府仅能执行相关环保政策而不能制定相关政策)(冉冉，2013)。相较于关注宏观问题的中央政府而言，省级政府的环保政策具有更强的针对性和适用性；相较于只能执行高层政策意图的下级政府而言，省级政府具有出台地方环境综合治理政策的功能，可以灵活有效地实现政策目标。因此，研究省级行政单位的环境综合治理政策制定和执行情况对于提升地方环境绩效，改善区域环境综合治理水平具有重要的意义。本书希望通过 2007—2015 年的相关数据探究当前我国环境综合治理政策制定和执行的真实情况并判定其对于环境绩效的影响，希望能够实现以下研究目的：

一、厘清当前我国环境综合治理的政策构成，以及相关的政策协同与执行情况，寻找到具有典型代表性的环境综合治理政策和执行措施，比较其政策制定动机及内涵异同，研判典型环境综合治理政策的真实情况。本书希望通过明确环境综合治理政策制定与颁布、环境综合治理政策协同与执行以及环境绩效的相关内容和基本范畴，为充分借鉴和利用学界当前已有的研究成果，深入研究环境综合治理提供有效的保障。

二、构建环境综合治理的统计分析模型，建立核心衡量指标，通过各种有效渠道收集相关数据并进行分析。本书以数种典型环境综合治理政策和相关环保数据为自变量，通过相关统计模型和数据结果研究其对于环境绩效的影响状况，并探究影响环境综合治理政策协同与执行的各项因素对于环境绩效的作用机理。具体的操作流程是，在结合文献和现实数据的基础上，本书将确立环境综合治理政策、环境执行以及环境绩效的相关统计指标；通过相关统计软件将各主要参数量化处理并建立起环境综合治理各要素、环境综合治理政策协同与执行情况对于省级环境绩效影响的结构方程统计分析模型；并基于上述结构方程统计分析模型，找出其中影响省级环境绩效的关键因素。

三、基于环境综合治理政策制定与执行的统计分析结果，明确指出当前我国环境综合治理政策制定和执行中存在的不足。并在此基础上说明当前我国环境综合治理政策制定和执行需要注意的事项，提供相应的政策应对措施和防范体系，为提升省级环境绩效提供有效的政策建议，确保我国社会经济的可持续发展。

环境综合治理政策的出台是为了有效解决我国当前面临的各类省级环境问题，提升省级环境绩效。其核心关键在于制订的环境综合治理政策具有较强的针对性和目的性且能够得到有效执行。

    研究环境综合治理政策及其执行状况对于环境绩效影响的重要意义主要体现在以下几个方面：

    一、强化环境综合治理政策协同与执行力度，有效提升环境质量。当前我国政府将可持续发展的重要性提升到了空前的高度，解决环境问题成为我国可持续发展和经济转型的重要环节。明确环境综合治理政策的重要性和政策协同与执行的意义，可以加大地方政府在环境保护方面的投入力度，有效贯彻落实中央关于环境保护的重要决策，提升我国整体的环境质量。此外，还可以有效提升各级政府处理环境问题的能力和民众满意度，为我国进一步深化环境综合治理改革提供了有益的借鉴和参考。

    二、辅助政府决策，破解利益困局。研究环境综合治理政策的制定和执行，可以明确中央政府和地方政府在环境事务中的地位与作用，有效减少由于地方利益纷争和短视带来的环境问题。环境综合治理政策在地方执行不力，很大程度上还是由于中央和地方政府没有确立有效的政策保障机制以平衡经济、社会与环境的有序发展。研究环境综合治理政策制定和政策协同与执行对于环境绩效的作用机理可以找出环境事件的利益构成，构建各方合作契机，可以有效辅助政府决策的进行，破解当前环境与经济不能兼顾的困局。

    三、有助于构建合理的环境绩效评估长效机制。研究环境综合治理政策及其执行情况最终还是为提升环境绩效服务。省级环境绩效的提升和维持不是一朝一夕能够完成的任务，尤其是在当前我国的发展依然面临着严峻的环境挑战的情况下。只有深入研究并有效贯彻落实环境综合治理政策，将环境绩效与当地各级主要领导干部的切实利益直接挂钩，才能够充分调动广大地方干部和政府工作人员的积极性和主观能动性，真正形成有效的环境制约与激励机制，实现经济发展与环境保护的协调与平衡，才能够长期有效地维持省级环境绩效的高水平（黄爱宝，2016）。

四、提供新的环境综合治理分析工具。当前我国面临的环境问题依然严峻而复杂，在地方层面的环境管理和环境评估的过程中仍然存在诸多的问题。通过量化研究的方式研究环境综合治理政策制定和执行的有效性可以给地方层面环境绩效的评估提供新的考察维度和考评方法；可以规避单纯依靠官方环境汇报进行评估造成的研判失误，更加合理与科学的评估真实的省级环境状况。因此，本书也为省级环境绩效的评估提供了有益的政策分析工具。

1.3 研究思路

本书一共分为七个章节，第一章绪论主要指出了本书的研究问题，明确了研究的目的和意义，阐明了研究的思路和创新点；第二章环境综合治理政策比较与协同机制研究的理论基础主要介绍和论述了本书相关的公共选择理论，政治市场理论和多中心治理理论的相关内容，为后续的研究分析提供理论支持与保障；第三章环境综合治理政策比较与协同机制研究的文献综述介绍和分析了以环境综合治理研究、环境绩效评估研究和政策协同与执行研究为主要内容的相关文献，为本书的开展奠定了良好的学术基础；第四章环境综合治理政策与环境绩效通过选取三类主流的环境综合治理政策，研究其制定、修订与协同对于省级环境绩效产生的影响；第五章环境综合治理政策协同和执行与环境绩效主要在第四章的基础上研究影响环境综合治理政策协同和执行的各项因素对省级环境绩效产生的影响；第六章政策建议将在第四章和第五章分析结论的基础上，为环境综合治理政策的制定与修订、政策协同与执行和协同状况等方面改进提供具有针对性的政策建议与意见；第七章是本书的结论与展望。具体内容参见图 1-2。

本书主要考察的是环境综合治理政策的相关内容，不同政策的政策协同与执行情况及其协同机制对省级环境绩效的影响。本书主要的研究

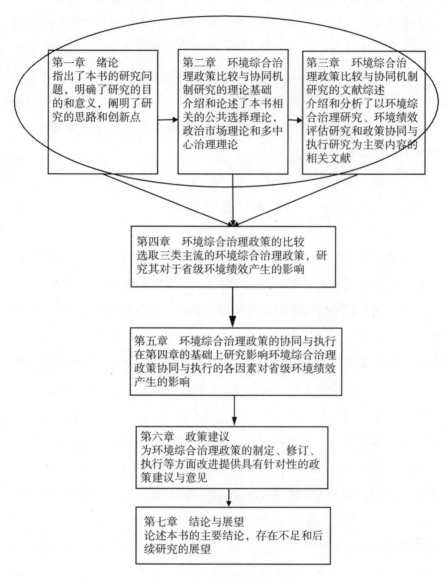

图 1-2 本书框架与章节逻辑

逻辑是：首先，通过阅读文献和查阅资料发现研究问题；其次，验证研究问题的必要性与可行性；再次，查找研究所需的各种具体政策、资料和数据；然后，利用结构方程模型进行相关分析并得出分析结果；最

后，分析相关结论并给出政策建议。本书的具体研究逻辑如图 1-3
所示。

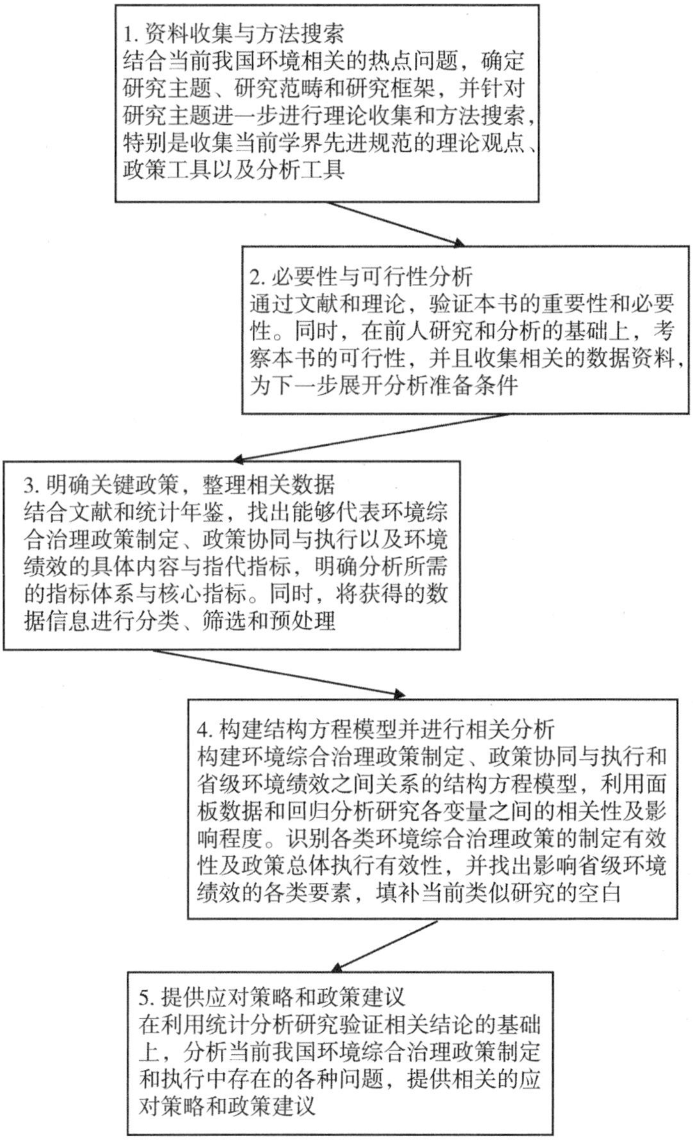

1. 资料收集与方法搜索
结合当前我国环境相关的热点问题，确定
研究主题、研究范畴和研究框架，并针对
研究主题进一步进行理论收集和方法搜索，
特别是收集当前学界先进规范的理论观点、
政策工具以及分析工具

2. 必要性与可行性分析
通过文献和理论，验证本书的重要性和必要
性。同时，在前人研究和分析的基础上，考
察本书的可行性，并且收集相关的数据资料，
为下一步展开分析准备条件

3. 明确关键政策，整理相关数据
结合文献和统计年鉴，找出能够代表环境综
合治理政策制定、政策协同与执行以及环
境绩效的具体内容与指代指标，明确分析所需
的指标体系与核心指标。同时，将获得的数
据信息进行分类、筛选和预处理

4. 构建结构方程模型并进行相关分析
构建环境综合治理政策制定、政策协同与执行和
省级环境绩效之间关系的结构方程模型，利用面
板数据和回归分析研究各变量之间的相关性及影
响程度。识别各类环境综合治理政策的制定有效
性及政策总体执行有效性，并找出影响省级环境
绩效的各类要素，填补当前类似研究的空白

5. 提供应对策略和政策建议
在利用统计分析研究验证相关结论的基础
上，分析当前我国环境综合治理政策制定
和执行中存在的各种问题，提供相关的应
对策略和政策建议

图 1-3　本书的研究逻辑图

1.4 研究方法

本书采用多种研究方法对环境综合治理政策的制定，不同环境综合治理政策的协调以及环境综合治理政策的执行状况进行分析。本书主要使用的方法有文献研究法、实地调研法、模型构建法和统计分析法四种方法。

1.4.1 文献研究法

通过国内外相关学术数据库收集与本书相关的文献，在初步阅读的基础上找出研究方向、研究内容和研究方法。在此基础上，通过搜索引擎找出包含重要研究成果、研究方法和具有重大参考价值的文献进行精读，分析相关的研究思路和研究手段，为本书的有序展开奠定基础。在文献研究的过程中，由于环境综合治理和政策协同与执行研究的规范方法和模型等在国内少有涉及，所以在选取相关内容进行研究分析时主要采用的是国外的文献，利用国外相关研究得到的成熟方法和规范理论为本书的理论与模型建构提供参考。但是在涉及中国环境综合治理发展，区域环境综合治理政策等方面时，中国学者的研究更加广泛和深入，能够提供大量有益的信息，因此在这些领域，本书将主要吸收中文文献的相关研究成果。

在阅读和分析学术文献之外，本书还密切关注环境领域相关的统计年鉴、政府报告、各级环保部门的官方网站等。利用这些渠道收集的信息和资料不仅为后续定量分析提供了数据，也从文本方面密切关注我国环境综合治理政策制定、协同和执行情况的各种变化。

1.4.2 实地调研法

由于本书涉及环境综合治理政策的制定、颁布与修订以及具体的环境综合治理政策协同、执行情况，因此仅依靠官方统计数据作为研究素材仍显不足，而且难以避免由于信息瞒报误报等情况给面板数据分析带来的灾难性结果，所以，本书将采用访谈法和观察法相结合的方式进行实地调研，对地方环保部门主要负责人员、地方行政主管、企业负责人和普通民众进行调研。通过调研获得的信息，一方面将用以佐证统计数据的真实程度；另一方面通过开放式的访谈和参与式观察可以进一步发掘当前关于环境综合治理的学术研究中存在的不足和漏洞，进一步阐释环境综合治理政策的作用机理和执行过程中遇到的各种困难。这样可以丰富学术研究的成果，为进一步完善当前环境综合治理的相关政策，提升省级环境绩效提供有益的参考。

1.4.3 模型构建法

对于环境综合治理政策比较和协同机制的规范研究离不开相关模型的构建。因此，本书在已有学术成果的基础上，着重于构建环境综合治理政策相关的结构方程模型，使之符合当前我国环境综合治理发展的现状，并将其应用到关于排污费征收政策、工业固体废弃物处置和回收利用政策和环保目标责任制以及环境综合治理政策总体执行与协同情况的分析当中。

1.4.4 统计分析法

本书将使用 Stata13.0 统计分析软件对典型的环境综合治理政策、环境综合治理政策的总体执行情况以及其他相关要素对于省级环境绩效的影响进行定量统计分析，希望通过相关统计分析找出影响省级环境绩效的核心要素，并试图寻找出这些要素的作用机制和相关原因。此外，利用面板数据分析的方式可以观测出不同类型的环境综合治理政策与省级环境绩效之间的关系，有效研判较长周期范围内我国省级行政单位的环境绩效变化情况并借此判断出当前主流环境综合治理政策的实际效果。

第2章 环境综合治理政策比较与协同机制研究的理论基础

由于本书涉及中央政府与地方政府在环境综合治理领域的互动，政府与企业、其他组织和个人之间的环境合作与博弈，政府官员自身利益与环境综合治理政策之间的冲突以及不同环境综合治理政策之间的相互比较等诸多方面，故拟采用公共选择理论，政治市场理论以及多中心治理理论作为理论框架与基础，为本书的开展提供必要的理论支撑。

2.1 公共选择理论

2.1.1 公共选择理论缘起与内涵

一般认为，公共选择理论(the theory of public choice)最早出现于20世纪50年代。为了解决凯恩斯主义盛行带来的政府过度干预，学者们开始尝试采用经济学的研究方法来解决传统政治学领域面临的各种问题。在20世纪六七十年代，公共选择理论获得了长足的进步和发展。公共选择派的代表人物布坎南在1986年获得了诺贝尔经济学奖。他指出，公共选择理论之所以能够获得成功，在很大程度上要得益于采用了新的理论去代替已有的学说，可以从新的视角研究政治领域的各项问题，利用经济学可观察性和可计算性等显著的优点解决政治领域的困局(Buchanan，1972：4-5)。

布坎南认为，公共选择理论是对于政治过程采用的一种新的观察方法(1989：4-8)。简言之，所谓公共选择理论就是利用经济学的方法来解决政治学的问题。当前我国学者对于公共选择理论的认识和界定主要是沿袭西方国家的相关理论。例如，所谓公共选择理论就是把非经济市场领域的集体行动或者决策过程利用现代经济学的方式方法加以研究，采用新的手段和视角来解释政治过程和政治行为。这样不仅为政治学的研究开启了新的视野，也进一步拓展了经济学范式的应用空间和领域(许云霄，2006：4-5)。

缪勒(1999：6-8)指出，采用公共选择的方式来解决问题首先需要做到的就是要满足理性经济人的假设，政治活动中的参与者必须要满足经济分析的行为设定。其次，政治活动的参与者必须具有符合市场需求的偏好，其政治行为需要可以被经济学的相关理论、范式与分析工具所度量。最后，采用公共选择理论研究的问题必须要与经济市场中的问题相类似。只有满足上述条件，公共选择理论才能够被有效适用。

为了实现公共选择理论的分析模式，理性经济人成为了公共选择分析最为基础和重要的假设条件之一(Olson，1965：3)。在理性经济人的基础上，个人的行为模式和集体的行为模式得以构建，公共选择中的行为选择都具有理性和自利的特点。在理性行为和选择基础上，公共选择理论构建了政治领域的交易理论，从而完成了其在政治领域的市场构建(Buchanan，1975)。

早在1990年，陈招顺和汪翔就指出公共选择理论在我国公共管理实践中的重要作用。将政府进行"理性人"的假设设定能够很好地解释官员和地方政府的自利性与寻租行为，能够采取相应的政策措施来预防政策制定和执行过程中可能出现的各种问题(陈招顺，汪翔，1990)。但是公共选择理论主张大幅度压缩政府职权，将公共服务采用市场的方式进行供给，则需要辩证地看待(杨丹晖，1994)。

2.1.2　公共选择理论与公共政策的制定和执行

公共选择理论对于政策制定最为重要的影响之一就是改变了外部性的影响程度。根据萨缪尔森的观点，政府应该承担起公共产品供给的职责（Samuelson，1954）。他认为，因为公共产品具有非竞争性和非排他性的特点，除了政府，其他组织或者力量都难以有效提供公共产品的供给（Samuelson，1955）。科斯则提出了可以通过谈判、协商和明确产权归属的方式来降低交易成本，解决外部性的问题（Coase，1960）。科斯的主张是利用市场的力量来代替政府在公共产品供给中的位置。萨缪尔森和科斯的观点成为了公共产品供给和公共服务决策的两大主流理论。而公共选择理论对上述两种公共产品的供给方式都持支持态度，认为具体的公共产品供给模式选择取决于其所能带来的总体经济效益，哪一种供给方式带来的效益更高，公共政策的制定和执行就会倾向于这种方式（Buchanan，1975）。

公共选择理论产生的背景是为了控制政府的无制约扩张带来的各种问题。因此，公共选择理论对于解决政策制定和执行中的政府寻租问题也起到了重要的作用。缪勒（1999：23-29）认为政府在公共管理的过程中往往容易和一些利益集团形成同盟，帮助它们提升垄断地位以获得垄断权的租金。在政策制定的过程中，如果不能够有效进行政策设计，寻租行为就很容易发生，对政策运行和社会经济的发展带来严重的消极影响。当前我国政府官员在政策制定和执行的过程中滥用行政权威，忽视市场和普通民众需求和利益的寻租行为是导致我国行政效率低下，资源浪费严重的重要原因（马建仙，杨靖，2006）。因此，需要通过公共选择理论给予市场和民众自主选择的权利，以避免政府的寻租行为和政府权力的无限扩张。

公共政策的制定和执行除了需要面对政府的寻租行为，同时还要面临利益集团的挑战和阻挠。某一项政策的制定和执行必然会有利于一部分社会群体而伤害另一部分社会群体的利益，且政府不可能将政策细化到规范所有社会行为人的参与准则。因此，利益集团对于公共政策制定和执行的影响在现代社会是无法避免的(戴伊，齐格勒，1991：12-17)。公共选择理论认为，如果政府的政策制定是多元化利益诉求共同作用的结果，那么这种配置的模式就是有效率的。反之，如果政策的制定和执行仅代表了某个利益集团和少数人的利益，这样的政策制定和执行是无效的(戴伊，齐格勒，1991：24-30)。多元化的利益趋向是公共选择的结果，应该予以支持并纳入政策制定的考量当中。孙立平(2006：3-12)认为中国已经进入了利益多元化的博弈时代。政府在制定和执行公共政策时需要考虑到各个利益集团的诉求，做到平衡各方利益，保证政策的有效性和延续性，促使利益集团能够在政策制定和执行的过程中起到积极的作用。

公共选择理论的另一项重要作用就是解决政府失灵的问题。当政府的政策制定和执行是无效率的，政府失灵就会产生(Samuelson，1955)。为了解决政府失灵的问题，需要引入一套新的政治与经济活动准则来重新确立政策制定和执行的权威。公共选择理论认为这种新的准则的基础并不是来源于政府的威权，而是来源于自由竞争和优胜劣汰的市场机制(许云霄，2006：292-298)。公共选择理论的应用能够有效解决政府失灵的问题，减轻政府的负担，提升政府政策制定和执行的效率。

2.1.3 公共选择理论在本书中的应用

公共选择理论在本书中主要是用来解释环境综合治理政策低效和执行不利的情况。对于分析政府官员的自利行为，地方政府的寻租行为以及地方反对环境综合治理政策的利益集团，都需要用到公共选择理论。

在本书中，所有环境综合治理政策相关的利益主体都将被看作是理性人，所有的行为主体都在追求个人和本群体利益的最大化。这种追求个人和群体利益(特别是经济利益)最大化的行为容易忽视环境绩效，造成破坏和污染环境的行为。

政府寻租，政府失灵，利益集团阻挠环境综合治理政策推广和执行的本质都是利益分配的不均。各利益主体的行为都是理性选择的结果。为了自身和群体利益而牺牲环境质量，忽视环境综合治理政策的贯彻落实在基层政府和相关监管部门中仍然屡见不鲜。但是当前的政策措施并没有很好的办法能够有效规避这一现象。

应用公共选择理论将官员行为"理性化"，政府行为"拟人化"，能够帮助理解传统政策分析中难以把握的、造成政策低效率的本质原因，可以从宏观理论层面更好地把握各级官员、地方政府、涉污企业、普通民众的行为、心理和需求。公共选择理论的应用有助于理解环境综合治理政策制定和执行中的利益冲突，有助于从源头上解决中国的环境问题。

2.2　政治市场理论

2.2.1　政治市场的内涵与特征

政治市场理论构建于公共选择理论的基础之上，是对公共选择理论的进一步发展和深化。政治市场的理论是在布坎南将政治研究经济化的基础之上，把政治问题转化成为经济领域的供求问题来进行研究的方法（李程伟，1997）。虽然政治市场的概念传入我国有数十年的时间，但是学界仍然缺乏对其的深入研究和统一定义。有学者认为，所谓政治市场就是在政治活动中，所有行为个体和组织相互交易的总和，政治市场也拥有供求双方且秉持共同效益最大化的原则（陈梦筱，2007）。还有学者认为，政治市场就是发生政治交易的场所或者是政治交易体系本身（倪星，何晟，1997；梁木生，1999）。总体而言，各种政治市场的概念界定都具有类似的特征，即在政治事务中将政治资源作为竞争和争夺的对象，各行为主体通过控制政治资源的分配和流向形成类似经济市场结构的供求关系总和。

政治市场具有以下几个方面的特征：首先，政治市场交易的内容对象是政治资源，这种交易的场所一般都是无形的；其次，政治资源的交换必须存在供求关系及相关的交易行为；最后，在政治资源交易和竞争过程中形成的一系列机制和运行方案（在西方国家主要表现为选票）都属于政治市场的范畴（布坎南，1989：9-12）。

但是政治市场并不等同于经济市场，政治市场与经济市场之间仍然有不小的差别。这种不同主要表现在：（1）政治市场中的参与者之间并不像经济市场中一样是单纯的直接交易关系。政治市场的交易更多是一种预期与意向的交易行为，交易的是以信用为担保的各类无形的政治资源。这种交易也往往是暂时的、有条件的让渡或者是暂时的权属分离而非永久性的改变（陈洪生，2005）。（2）与经济市场追求经济收益不同，政治市场追逐或者交易的内容是政治资源，特别是选票。在政治市场上通过交易和竞争获得的选票可以在政治生活中转化成为具有巨大潜在价值的政治资源。这种选票兑换政治资源的过程也是政治增值的过程（朱昔群，2007）。（3）与经济市场相比，政治市场完全是无形的，没有有形和固定的交易场所，特别是在媒体无处不在的今天，政治市场更加难以观察和掌握，变得更加虚无（张伟，2015）。但是，其真实存在性却又是无可置疑的。

另外，随着公共选择理论的广泛应用，政治经济化的局面已经出现在越来越多的领域当中。除了传统政治选举领域，政治市场的作用和影响已经扩散到社会政治经济生活的各个方面（梁木生，1998）。经济化的政治市场已经成为了现代政治的显著标志之一。政治市场的形成和发展是一个国家政治发达的重要标志。政治市场的出现为进一步了解各政治参与主体的行为和动机提供了新的途径和渠道，也为解决各种政治问题，优化政府的政策制定和执行，合理配置政治资源提供了新的思路。

2.2.2 作为政策工具的政治市场理论

当前我国对于政治市场理论的研究仍然停留在概念探索和辨析的阶段，但是西方国家已经将政治市场作为一项成熟的政策分析工具，用于

17

分析社会政治经济生活中遇到的各种政策问题(陈洪生，2003)。

政治市场作为一种政策工具和研究框架，得到了公共政策学家、政治学家和经济学家的广泛认可与支持。他们认为政策制定和执行是政治市场中供给与需求力量均衡的结果(Keohane et al，1998)。在政治市场中，立法者和政府决策者是政策的供给者，而利益集团和普通民众是政策的需求者。在普遍的政策分析中，政府行政机构通常被作为政治市场中的供给方而利益集团往往作为政治市场的需求方(Feiock et al，2008)。

在现有文献中，政治市场作为政策工具主要表现在两个方面：一方面，政治市场被用做研究环境问题的政策工具(Keohane et al，1998)。在环境综合治理政策制定中，政策制定者的环境综合治理政策供给能力和趋向是由意识形态成本、选举成本和机会成本决定的。而在需求方面，环境综合治理政策的总体需求是由个人和利益集团决定的。虽然此类政策工具已经在理论层面被很好的阐释，但是缺乏必要的实证研究来证明相关的结论。

另一方面，政治市场被应用在地方政治经济学的研究当中(Libecap，1989：45-52；Alchian & Demsetz，1972)。作为对于地方政治中产权配置方式不足的回应，政治市场的分析方式可以表明政治制度对于经济因素及政策反馈的过滤效应，即政府利用政策将不利于自身利益的经济因素和政策反馈进行人为过滤和屏蔽，使之不能进入有效的政策制定和执行环节发挥其作用(Molotch，1976)。类似于经济市场，美国地方的民主政治被视为一个政治市场，地方政府出台的政策都是供求关系驱动和政策过滤的最终结果(Lubell et al，2005)。地方政权被视作政策的供给方而选民则被视为需求方。供给方和需求方的博弈与妥协会影响到政策选择和政策制定(Mintrom，1997)。政治市场在地方政治经济学中的应用已经获得了实证的检验。政治市场作为政策工具已经被广泛地应用到了土地利用和可持续发展等诸多政策领域(Feiock et al，2008)。但是，当前政治市场理论作为政策工具在美国的使用还局限在地方政府(县市)的层面，如果需要将其使用范围推广到州一级政府甚至是国家层面，还需要进一步的理论发展和实践检验。政治市场作为政策工具的存在，极大地改变了传统政治学和公共管理领域的研究范式，为精确量化政府和其他利益相关者在政策制定和执行过程中的行为和需求提供了理论依据。但是，当前政治市场作为政策工具的使用仍然具有一定的局限。政治市场的相关理论与方法并没有与其他政策工具进行有效的整合，忽视了政策工具之间的互动性。另外，政治市场理论的应用，特别是在分析高层级政府的决策行为时仍然具有理论和经验上的限制。政治市场理论应用于实践的具体方法和策略仍然有待进一步的探索。

2.2.3 政治市场理论在本书中的应用

本书借鉴西方发达国家的方式，将政治市场作为政策工具用以分析环境综合治理政策制定与执行中遇到的各种问题。环境综合治理政策制定和执行情况可以被视为中央政府、地方政府、企业和其他利益集团在环境保护和治理领域共同博弈的结果。

在本书中，一方面，政治市场作为分析环境综合治理政策的政策工具而存在，用来分析政府的环境综合治理政策供给和民众、利益集团的环境综合治理政策需求之间存在的冲突和矛盾。本书认为省级政府和更低层级的地方政府在环境综合治理的实践中，不仅仅单纯考虑环境综合治理政策带来的环境效益，也会考察其对社会、政治特别是经济领域造成的影响。如果执行某项环境综合治理政策对于地方政府和官员而言不仅仅可以改善地方环境状况，也可以借此获得地方的经济发展甚至是个人的政治提升的机会，则相关的环境综合治理政策将会得到有效贯彻执行；如果执行某项环境综合治理政策有利有弊，则基层官员会对政策协同与执行的效果进行评估，采用最优策略来保障地方和个人利益的最大化；如果执行某项环境综合治理政策并不能带来环境领域之外的任何收益，甚至会影响到地方经济发展和个人政绩，则基层官员会消极应对，甚至抵制该项政策在地方的执行。本书应用政治市场理论是为了试图找出环境综合治理中各方利益冲突的原因，并且尝试提供相应的政策措施调和各方利益，使得各不同利益主体在环境综合治理问题上的利益能够协调一致，以提升省级环境绩效。另一方面，政治市场作为地方政治经济学的重要组成部分，在本书中将用来分析环境综合治理政策制定和执行过程中的过滤效应，特别是环境综合治理政策协同与执行难、落实不到位的原因，以便找出环境综合治理政策制定和政策协同与执行过程对于省级环境绩效的作用机理。本书认为，在地方经济发展上，地方政府和各企业具有相同的利益。而这种经济利益在某种程度上与地方环境状况和民众的利益是相悖的。因此，在环境综合治理政策的执行过程中，不利于地方经济和企业发展但是有助于民众利益和环境绩效的环境综合治理政策可能被地方政府和环境执法部门所过滤，给省级环境绩效带来消极影响。要扭转这种局面，就需要采用政治市场的相关理论，让环境绩效成为地方官员和相关部门的核心利益，在供求关系中占据重要位置，使有效执行环境综合治理政策带来的收益大于专注地方发展和经济利益带来的收益。这样才能够从根本上扭转环境综合治理政策制定和执行中的过滤效应。

2.3　多中心治理理论

2.3.1　多中心治理理论的起源与内涵

多中心的概念首先见诸《自由的逻辑》一书（博兰尼，2002：140-145）。该书强调了只有自发的秩序才能够带来真正的自由，社会的有序运行是建立在人与人合作的基础上的。只有通过合作来完成多样化的任务，才能够确保建立在公共意识之上的合作性，真正实现自由的逻辑（博兰尼，2002：195-202）。文森特·奥斯特罗姆等在1961年就发现了有效的地方政府管理模式应该是多中心形式的（Ostrom et al，1961）。这里多中心的意思不仅仅是政治体制允许多个决策中心在一定地区范围内的存在，更重要的是这些形式上相对独立的决策中心之间可以通过契约制度和合作关系的建立来提升管理的绩效。地方行政中的多中心存在意味着分权和灵活、有弹性的管理模式。这种模式可以有效规避由于政府专权而导致的一系列问题，可以充分考虑到普通民众和不同利益集团的相关诉求，有效协调不同利益群体之间的关系(Ostrom et al，1961)。这种多中心的地方管理模式必须建立在法律的基础之上并且其基本原则能够被不同社会群体有效遵守。只有这样，多中心的治理模式才能够发挥其真正的效用。埃莉诺·奥斯特罗姆是多中心治理理论的集大成者，通过结合制度分析和变迁理论以及公共选择理论，奥斯特罗姆提出了自我治理(self-governance)和多中心治理(polycentric governance)的相关理论与概念。她认为，集体困境和公地悲剧等现象不是无可避免的(Ostrom，1990：25-27)。单纯依靠政府或者市场提供公共产品的行为有其必然的局限性。在很多情况下，无论是单一的政府还是单一的市场都缺乏足够的能力提供有效率的公共产品供给(Ostrom et al，1992)。奥斯特罗姆指出，只有通过多中心的理念建立自治组织，才能够真正有效避免各种可能出现的问题，实现长效的共同利益(Ostrom，2010)。不同公共组织与公共机构之间的互动与合作构成了多中心治理的核心要素。在多中心治理的体系中，各种制度不是由政府设定的，而是由各种自治组织鉴于需要而自主设定的(Ostrom，2006)。

因此，多中心治理的理念是一个复合概念，存在于不同的维度当中。首先，多中心治理意味着参与主体的多元性(王志刚，2009)。政府、企业、社会组织、个人等不同的组织机构和个人都能够参与到多中心治理当中，并且发挥重要的作用(刘峰，孔新峰，2010)。其次，多中心治理意味着治理结构的多元化与网络化。多元化的参与主体以不同的形式进行相互连接与沟通，所有的参与者都处于一个庞大的扁平互联网络空间当中。在多中心治理的结构当中，是不存在所谓中心的，所有参与主体的连接都是直接而有效的(王兴伦，2005)。再次，多中心治理中，利益主体的诉求也是多元化的。普通民众和不同利益群体的诉求被放置在更为重要的位置。政策的制定和执行不仅仅是以官员的意志为转移，而是需要综合考量各方的利益（陈艳敏，2007）。最后，多中心治理的模式当中，合作与竞争是并存的。不同群体的利益诉求会存在差异与重合，这就决定了多中心治理中不同群体的策略选择会根据自身利益的变化而做出相应的调整。合作或者是竞争都是可能出现的策略选项，各参与主体一直都处于不断变化的动态博弈过程当中（张克中，2009）。

2.3.2 多中心治理理论的实践意义

多中心治理理论的相关概念和内容已经在学界被广泛应用，可以有效解决制度设计和制度分析中遇到的各种问题，使相关的分析更加贴近真实的世界和生活。

2.3.2.1 多中心治理理论完善了个人行为假设和策略选择模式

多中心治理理论的分析框架依然沿用了理性经济人的假设。但是，根据多中心的观点，理性经济人模型被进行了调整。人的行为和策略选择会受到多重因素的影响，特别是在与他人互动过程中，会受到外在环境的规范与修正（Ostrom，2006）。在多中心治理的分析框架下，个人的策略选择需要考虑外部环境和他人带来的预期成本，同时还要考量自身行为转变的成本以及预计收益来做出最终选择（Ostrom，2010）。这样的行为假设更加贴近真实的生活，能够更好把握行为主体的心理和预期，对政策制定与政策分析有积极的帮助。

2.3.2.2 多中心治理模式提供了有效的制度供给者

在传统的政府供给模式和市场供给模式中，政府和市场都会因为面临各种问题而出现制度供给无效率的情况。采用多中心的治理模式可以引入多元化的制度供给主体。由于多中心治理模式提供了相对开放和有效的沟通环境，不同供给主体之间可以进行充分有效的交流和沟通，避免由于信息不对称而带来的非合作博弈（Ostrom et al，1992）。长期的合作环境能够使不同的利益群体构建起有效的合作互惠模式。各方可以通过谈判和协商等方式进行有效的制度供给，保障各项政策制定和执行的效率（Ostrom，1990：34-40）。

2.3.2.3 多中心治理解决了可信承诺的问题

在多元化的制度供给者提供有效的制度供给之后，参与各方都应该切实履行自身相应的责任与义务（Ostrom，2010）。传统的单一政府或市场供给制度的模式，都难以避免搭便车和机会主义者对于制度供给模式的破坏。但是多中心治理模式解决了这一困局。在多中心治理模式当中，由于参与各方形成了广泛的利益共同体，兑现对他人的可信承诺也是维护自身利益的一种方式。不做出可信承诺的人难以获得与他人或者组织合作的机会。违背或者未履行自身承诺的参与者也将被排除在利益同盟之外（张克中，2009）。因此，多中心治理体系的自我激励和约束机制能够有效保证制度参与人自觉维护整个制度体系的有序运行，切实兑现自己的可信承诺。

2.3.2.4 多中心治理模式构建了参与人之间的有效监督

制度参与人之间的有效监督是兑现可信承诺和供给有效制度的根本保障。监督他人可能产生的违规行为可以有效维护自身利益（于水，2006）。在多中心治理的条件下，广泛的利益共同体提高了人们参与监督他人行为的积极性。多元化的政策设置有助于实现制度内部参与者自主相互监督的策略（Ostrom，2006）。这种治理模式有助于降低监督成本，提升治理的绩效。

2.3.3 多中心治理理论在本书中的应用

多中心治理理论在本书中将会被应用于分析在政府管理强度不同状

况下，环境综合治理政策协同与执行的不同效果。省级政府的环境综合治理政策所阐释的不同措施具有不同的政策强制力，其执行效果也各不相同。因此，对环境绩效也会产生不同的影响。根据多中心治理理论，如果一项环境综合治理政策具有较强的政策强制力，即省级政府能够为了政策的顺利推广和执行而大量投入行政资源且赋予该政策较强的处罚和执法力度，这项政策（核心治理政策）会得到较好的推广和实施，且将会有助于环境绩效的提升。反之，则会引起环境绩效的下降。

多中心治理理论还将被应用于研究普通民众和非政府的利益相关者在环境综合治理中的参与积极性与参与程度对于省级环境绩效的影响。一般认为，环境综合治理政策如果能够引入多元参与主体并较好的考虑政策参与主体的利益和积极性，即能够充分发挥地方基层政府、相关环保部门、非政府部门和普通民众的参与性，政策的执行和相关监督工作就能够有效落到实处，政策协同与执行的效率就会得到提升。反之，环境综合治理政策将难以得到有效执行。

第3章 环境综合治理政策比较与协同机制研究的文献综述

本章将主要回顾与本书相关的环境综合治理研究，环境绩效评估研究和政策协同与执行研究三个方面的主要文献、主要研究方法和主要学术成果。本章希望通过文献回顾和综述的方式找出当前研究的不足和可以借鉴的研究方法和研究范式，为本书的深入开展奠定基础。

3.1 环境综合治理研究

3.1.1 环境综合治理的定义与内涵

环境问题的产生不仅与经济发展和自然状况密切相关，也与相应的体制机制设置和治理模式有着密切的关系（张高丽，2013）。随着环境问题的日益突出，应对环境问题、处置环境危机日益受到世界各国政府的重视，已经纳入各国的决策议程当中。当前，有效应对环境问题的挑战已经成为国家治理体系的重要组成部分，对实现国家战略目标，实现可持续发展有着重要的意义（习近平，2014）。

由于环境本身具有公共物品和外部性的特征（俞可平，2014），环境问题的表现、特征以及危害程度均有别于其他问题。所以，在应对环境问题时，不能简单地将环境问题等同于一般的公共问题来看待，而是应该采用合理的模式来应对和处置。只有这样，才能够将环境问题的危害程度降到最低，促进社会、经济与环境的协调发展。因此，在应对环境问题时应该采用治理的手段和模式。

"治理"是公共管理领域的一种理念和策略。其主要是指通过协调沟通多方利益、采取一致行动的方式缓解各方矛盾与冲突，有效解决公共事务的各类方法的总和（俞可平，2000）。治理的方式包括正式治理即政府采用政策应对，也包括非正式治理即民众或者利益集团通过非官方协商、妥协的方式来解决各种问题。"治理"与"统治""管理"等在公共领域最大的区别在于，在治理体系中，政府不能够无节制地使用自身的权威来迫使公共政策的制定和执行按照自身的利益和意愿发展，必须考虑到普通民众和各利益集团的诉求（Parkins，2006）。更为重要的是，政府强制行政命令的模式不再是应对各类公共问题的唯一选择，多样化、多主体的治理模式才是有效解决公共问题，提升公共效率最为重要的保障（薛晓芃，张海滨，2013）。采用治理理论应对环境问题，即环境综合治理就是将上述治理的理论与方法应用到环境领域，采用多元化的方式和手段来有效应对环境问题（罗茨，杨雪冬，2005）。简言之，环境综合治理就是通过政府、市场、非政府组织和普通民众等多元主体采用多元化的手段应对环境污染、资源浪费和生态破坏等一系列问题的手段的总和（Li，2006）。环境综合治理历经了不同阶段的发展，从最初的单一环境行政处置发展到现在的多元化治理阶段，各种治理的方法和手段都日益成熟和完善，已经能够较好地协调各方利益，有效防止污染，提升环境质量（Mateeva et al，2008）。

环境问题自身的复杂性和多样性决定了必须采用环境综合治理的手段系统化地解决各种问题。多元化的治理模式可以增加非政府主体承担的社会责任（Bache et al，2015），减轻政府的行政压力和财政负担，能够有效调动市场机制和社会力量共同关注和参与环境综合治理过程，从源头上减轻环境带来的一系列问题（Cent et al，2014）。中央和地方政府明确权责关系的治理模式有利于各方更加专注于自己的环境综合治理责任，可以有效提升环境绩效（Fisher，2013）。

当前，环境综合治理已经形成了较为完善的体系。中央政府、地方政府、企业、非政府组织和普通民众都在环境综合治理体系中找到了自己的位置，明确了自己的责任与义务。各方已经构建起有效的合作与互动网络，通过各种渠道和机制来提升环境综合治理的效果（李晓龙，2016）。环境综合治理体系更加注重多元化主体的协调与配合，在制定政策的过程中会考虑到多方的利益，同时采用多元化政策手段，使用多种政策工具相互配合协调来降低行政成本，提升环境综合治理绩效，激励各方积极参与（Newig and Koontz，2014）。但是，在环境综合治理的过程中参与各方都需要明确自身的责任，切实履行自身的环境义务，并且与其他参与主体密切配合，只有这样才能减少信息不对称带来的各类问题，提升环境综合治理效率（Tsang et al，2009）。此外，由于当前的环境综合治理模式涉及多个参与主体，信息的真实度和可接触性也成为了影响环境综合治理效果的重要因素（Marshall，2008）。只有保证环境信息透明公开，各参与主体之间有效合作，才能够将环境综合治理的优势充分发挥出来。

3.1.2　中国环境综合治理的发展

中国的环境综合治理是从单一的环境行政阶段发展到现在的多元化治理阶段，主要可以分为三个时期：即政府行政治理环境阶段、政府与市场结合治理环境阶段和多元化治理环境阶段（张秋，2009）。中国环境综合治理的发展可以简单概括为从单纯依靠政府的强制行政命令来解决环境问题到采用多种策略、多种手段，从不同角度协同来解决环境问题。

3.1.2.1　政府行政治理环境阶段

自20世纪70年代起，我国政府开始注意到环境问题给社会经济发展和民众生活带来的巨大危害，并且开始采取措施治理环境污染，这是我国环境综合治理的源头（侯保疆，梁昊，2014）。在本阶段，我国主

27

要是学习其他国家在环境污染治理方面的相关做法以及政策法规，并将
其应用到中国的环境污染治理的实践中。在学习他国先进经验和政策的
基础上，我国政府结合我国国情和制度特征，建立一系列包括《环境保
护法》在内的环境保护政策、条例和法律法规，满足了我国当时对于环
境综合治理的基本需求（吕忠梅，2014）。在运行一段时间之后，国家
有关部门又对相关政策法规进行了细化和调整，并在此基础上将环境保
护上升到国家战略的高度，同时建立了正式的环保机构以满足日益增长
的环境综合治理需求。

在本阶段，政府在环境综合治理中起到了关键性的作用，构建起了
我国环境综合治理的制度框架。一系列相关法律法规、政策规定的确立
和专业环保部门的建立唤起了公务员和广大民众对于环保的重视程度。
也使得环境综合治理体系逐步成型，能够做到有法可依，有人执行，在
一定程度上缓解了我国面临的各种严峻环境问题（胡键，2013）。但是，
在本阶段，政府是环境综合治理唯一的构建者和参与者，所有的环境综
合治理目标都是为政府管理服务的，忽视了普通民众和企业对于环境综
合治理和保护的诉求。所以，在环境综合治理的过程中难免有决策失误
和疏漏的地方，对于各类敏感环境问题的把握也仍然有显著的缺陷（杨
妍，2009）。

3.1.2.2   政府与市场结合治理环境的阶段

自 20 世纪 90 年代起，随着市场经济的日益发展，采用市场化的方
式解决各类公共问题成为了新的趋势和时尚。面对单一政府行政治理环
境的弊端，中国政府开始尝试引进市场化的模式，采用政府与市场结合
的方式来进行环境综合治理（王玉民，2015）。这个阶段，环境综合治
理的主要特征是理念的国际化和工具的市场化。中国开始关注国家的可
持续发展状况，并将可持续发展的理念同环境综合治理相结合。通过产
权结构调整、各类市场准入机制和排污权交易等措施，中国政府开始尝
试利用市场配置的模式解决经济发展和环境保护的冲突，构建起政

府-市场为主导的二元环境综合治理体系(张炳淳，2011)。

在本阶段，政府主导的环境综合治理模式和市场主导的环境综合治理模式是并存的。这一方面是由于路径依赖和制度创新的并存，另一方面也是由于现实的需求(肖建华，邓集文，2007)。单一的政府行政治理环境模式已经成为了历史，市场作为政府环境综合治理的有益补充和有效替代在环境综合治理的过程中发挥了日益重要的作用。市场在环境综合治理中的重要作用为各市场主体参与环境综合治理提供了契机，越来越多的企业开始积极投入中国环境综合治理的进程中(周宏春，2009)。

3.1.2.3 多元化治理环境阶段

自"十一五"计划以来，我国的环境综合治理进入了全新的历史时期。生态文明和科学发展被置于我国经济社会发展的重要位置。环境问题也得到党、政府和广大民众的高度重视(周生贤，2014)。为了实现生态文明和可持续发展的国家战略目标，本阶段我国的环境综合治理开始尝试将政治、经济、社会、自然和文化等诸多方面的因素融入环境综合治理当中(徐鲲，李晓龙，2014)。在政府和市场协同配合的基础上，引入更多的环境综合治理主体，强化政府、社会、企业和个人之间的合作关系，采用多元化的策略和手段强化环境综合治理的效果，以期实现生态文明和科学发展的目标(王华，郭红燕，2015)。

本阶段，我国的环境综合治理理念和策略都有了显著的提升。首先，将经济、社会和环境的协调发展作为当前环境综合治理的重要目标，改变了以往单纯以经济或者环境为重的过激做法，考虑到了不同利益集团的不同诉求，进一步靠近了可持续发展的目标(徐鲲等，2016)。其次，在公共政策的制定中，环境问题和环境综合治理从原来普通的公共政策被上升到国家战略的层次。这样的策略选择会减少环境综合治理政策协同与执行过程中遇到的各种阻挠和抵制，从而提升环境综合治理的效率(李文钊，2015)。再次，与环境综合治理相关的制度都进行了调整和修正，从原有的单纯防治环境污染上升到了科学发展的高度(刘然，褚章正，2013)。这样的制度设计可以更好满足当代社会经济发展和民众需求，有效针对各种新出现的环境问题。最后，环境综合治理的参与主体实现了多元化。政府、企业和民众都能参与到环境综合治理当中，提供各种有效的信息和多元化的治理模式，为环境状况的改善贡献自己的力量(齐晔，2014)。

在经历了数十年的发展之后，我国的环境综合治理取得了明显的成效，在一定程度上阻止了污染的蔓延，缓解了生态破坏等问题。以政府为中心、市场和民众参与的多元化环境综合治理体系也已经逐步建立，社会各界都积极投入环境综合治理当中。但是，我国当前的环境综合治理仍然有很多局限，在有效解决环境问题，协调各方利益，促进可持续发展方面仍然有很长的路要走，环境综合治理的模式还需要学界进一步探索。

3.1.3 当前主要的环境综合治理政策

如上文所述，当前我国的环境综合治理政策与20世纪七八十年代相比已经发生了翻天覆地的变化，当前的环境综合治理模式和政策都出现了诸多新的特征，强调多元主体的相互协作，需要政府、企业和社会各界相互配合以实现环境效益的最大化。此外，当前的环境综合治理中强调环境综合治理政策的重要性，主张使用多元化、规范化的环境综合治理政策应对各项环境问题。因此，本节将对当前区分于一般环境综合治理政策的、较为主流和重要的两种环境综合治理政策进行论述。

3.1.3.1 排污费征收政策

这是中国政府最早采取的应对污染的环境综合治理政策之一。早在20世纪70年代的环境保护法中就提出了关于征收排污费的相关内容(吕忠梅，2014)。关于排污费征收政策的研究也成为了当前学界研究环境综合治理的重要内容。排污费的征收方式和征收效果不仅体现出政府环境综合治理政策制定和执行的能力，也是衡量环境绩效的重要方式（郑石明等，2015）。由于排污费是当前我国政府通过经济手段防治污染的最为重要的常规手段之一，因此排污费征收的问题受到了社会各界的广泛关注。当前，我国大部分省份是环保部门上门收取排污费，但是这种方式存在着较大的寻租空间，环保执法人员容易和企业主形成利益联盟，少交或者不交排污费，弱化排污费征收政策的环境综合治理效果（靳东升，龚辉文，2010）。甚至有国外学者指出，中国当前实行的排污费征收政策是无效率的。这种无效不是在排污费征收的政策设计和制定上，而是在于其无法被有效的执行（Schreifels et al，2012）。所以有学者认为，排污费的征收方式应该进行转变，由上门收取改为公开定点缴纳，以弱化排污费征收的寻租空间（冯涛，陈华，2009）。甚至有学者倡议，应该对排污费进行费改税。这样做一方面可以避免政府工作人员和污染企业的勾结；另一方面可以提升征收效率，增加财政收入，有效实现排污费征收的环境综合治理职能（袁向华，2012）。因此，在当前政府大力提升环境综合治理能力的背景下，对排污费征收政策进行改革，提升排污费征收的执行力度和效率成为当务之急。

此外，作为一项环境综合治理的政策，当前的排污费征收主要是由地方环保部门进行的（Xu，2011）。但是在排污费征收的过程中，存在着突出的问题。地方环保部门由于缺乏必要的财政权和执法权，在征收排污费的过程中容易受到地方政府的控制和压制，难以真正实现其环保执法的作用（Liu et al，2012）。地方政府往往为了经济发展等因素的考量会要求地方环保部门减少对于企业的排污费征收。如果这一要求得不到满足，地方政府就会利用属地优势对地方环保部门进行施压，迫使其进行妥协（Zhang et al，2010）。相较于地方环保部门从排污费征收获得的经济激励，地方政府给环保部门造成的政治压制可能造成严重的后果。且当前我国对于排污费征收中遇到的地方政府阻力并没有明确的法律处置手段，这就造成了地方政府的干预无需承担严重的后果，进一步削弱了地方环保部门排污费征收的能力（Wang and Wheeler，2005）。

作为环境综合治理的重要政策，排污费征收政策中涉及地方政府、企业、地方环保部门和公众等多个不同的利益方，如何协调不同群体在排污费征收中的利益，实现环境效益的最大化也成为了当前的研究热点之一（石昶，陈荣，2012）。有学者指出，虽然增强地方环保部门对排污费的征收能力能够在一定程度上规范企业的缴费行为，但是对于改变其环境行为，减少污染排放没有直接的作用，甚至在很多案例中，政府直接进行的行政监管比征收排污费能够在短期内更明显地提升企业的减排水平（Dasgupta et al，2001）。

虽然排污费征收政策是最为重要的环境综合治理政策之一，但是当前学界的研究主要还是从纯经济学的视角进行的成本收益分析。目前仍然缺乏从公共管理和公共政策的角度来分析排污费征收政策的文章，特别是对中央政府、地方政府和环保部门在排污费征收政策中的执行情况与权责归属等问题缺乏必要的实证研究。因此，对于排污费政策进行有效量化度量，特别是测量其制定、修订与执行对于省级环境绩效的影响具有重要的理论和实践意义。

3.1.3.2　环保目标责任制

我国的环保目标责任制早在政府行政治理环境阶段就已经存在，并且延续至今。但是由于体制问题和执行问题，早先并没有在环境综合治理中真正发挥出重要的作用。这种状况在"十一五"计划期间发生了显著的改变（Qi et al，2008）。在"十一五"计划中，我国政府设置了强制环保目标责任制，将控制污染物排放和单位能耗的量化任务目标下放到各地方（省级/市级）政府层面，并且设置了严格的奖惩措施，直接与官员的升迁挂钩并且实行环境一票否决制。自此，这一政策成为了当前中国环境综合治理中最为重要的政策之一，得到了各级官员和国内外学者的广泛关注（Kostka，2013）。

随着强制环保目标责任制的实施，"十一五"和"十二五"计划期间，我国的省级环境绩效理应获得大幅度的提升。从宏观的统计层面讲，省级环境目标责任制的实施必然会提升环境绩效，这似乎是一个不争的事实（Hu et al，2010）。但是微观层面的经验表明，在绝大多数的情况下，环保目标责任制设置的强制惩罚措施往往可以被地方政府和官员采用各种方式所规避（Gao et al，2015）。因此，对于强制性环保目标责任制带来的真实环境绩效仍然有待于进一步的研究。

在西方早期的文献中，类似中国当前省级环保目标责任制的、由中央向地方自上而下进行的政策推动方式被认为是有效的（Sabatier and Mazmanian，1980）。因为中央政府具有强大的威慑力和权威去促使地方政府完成相应的任务目标（Scholz，1984）。但是在随后的研究中，又有学者指出这种单纯依靠中央政府压迫的目标责任制会令地方政府和官员丧失积极性和主动性，最后只是沦为中央政府的政策协同与执行工具，这样必将会影响到政策最终的执行效率（Scholz and Wei，1984）。因此，有学者指出自下而上的政策推动方案可以更为有效地契合地方政府和官员的动机（Long and Franklin，2004）。但是此类观点在中国没有广泛的应用空间，也缺乏更为有效的实证研究作为支撑（Evans and Klinger，2008）。

西方国家也出现过类似于我国当前的强制环保目标责任制。对于类似的项目，国外学者得出的观点是，此类项目成功与否并不在于中央和省级政府的强制处罚措施，而在于地方政府的策略选择（Yi，2014）。也就是说如果地方政府能够从这些项目中获得足够的收益、拥有足够的动机去执行该政策，这项政策就会是有效的。

因此，对于当前在中国实行的省级环保目标责任制而言，省级和地市级政府及各级官员需要权衡牺牲环境获得的经济和政治收益与由于没有完成环保目标而受到的惩罚哪一项是更值得的。目前已有经验研究证明，随着中央政府和省级政府加大了对于未完成环保目标的惩罚力度，越来越多的地方政府和官员选择和上级政府合作来落实环保目标责任制（王彩虹等，2010）。但是，也有学者指出，环保目标责任制虽然与环境绩效呈现正相关，但是这并不能说明上级政府的奖励或者处罚措施就是有效的。在中国的体制环境下，地方官员更多的是跟随上级政府释放的"信号"，而非畏惧相应的处罚（Tang et al，2016）。由此可能导致的结果就是，对上级政策敏感的地方政府会主动落实省级环保目标责任制，而对上级政策不敏感的地方政府会无法完成相应的环保目标。简言之，当前中国的省级环保目标责任制可以被看成是威权主义和自由主义的结合（Lo，2015）。

因此，改进和调整环保目标责任制的奖惩措施，使其能够与地方政府官员的切实利益挂钩，增强和明确上级政府释放的关于环境保护的"信号"，鼓励地方政府的体制、机制创新等都能够有效地提升当前环保目标责任制的效率，充分发挥其环境监督和环境综合治理的重要作用。总体而言，当前我国的环境综合治理已经步入正轨，各种相关的政策措施都陆续出台。这些环境综合治理政策在一定程度上遏制了中国环境问题的进一步恶化，为解决当前各种环境问题提供了新的思路和尝试。但是本书通过查阅文献，访问各省、自治区、直辖市环保部门官方网站和对环保部门行政官员进行访谈发现，当前我国环境综合治理领域仍然存在着诸多问题。第一，缺乏政策制定和执行过程中的具体量化指标。例如虽然很多省、自治区、直辖市建立了环保目标责任制，但是并没有具体细化的量化指标以及对应的细化考核标准。第二，在环境综合治理过程中，地方政府总是报喜不报忧，只谈成绩不谈问题，存在隐瞒信息的情况。部分省份将辖区内所有参与考评的县市均纳入优秀范畴（以一二三等奖区分），难以起到应有的考核和警示作用。第三，大部分省份对于环境综合治理政策内容的调整和升级不积极，部分省份对于环保目标责任制的相关内容延续使用时间超过 15 年。第四，虽然所有省份都会在新闻以及通知中提及环境综合治理的重要性，但是并非所有的省份都会对环境综合治理的结果进行主动社会公开，多数省份采取的还是隐瞒和回避的态度。第五，地方环保部门和地方政府权责不清，地方环保部门在履行环境综合治理责任时难以做到客观独立，容易受到地方势力的影响。第六，虽然现在的环境综合治理政策也明确了相关的奖惩措施，但是在具体实施的过程中还是以惩罚为主，奖励和激励机制仍显不足，所以不少省份在官方场合出现的环境综合治理更多是一种符号化的意义，表明了地方政府对于环境问题的重视程度，代表政府愿意采用现代意义上的科学管理手段对环境问题进行有效管控。但是从落实上来讲，环境综合治理政策在很多场合并没有被作为一种科学化、精细化的政策工具，并不具有其应有的强制约束力。

因此，本书在探索环境综合治理的相关情况时，会更加注重环境综合治理政策的分类研究，把宽泛的环境综合治理目标细分为不同的政策类别，分别考察政策制定情况对于环境绩效的影响。通过对不同类别环境综合治理政策的考察，本书可以对环境综合治理的参与主体、不同政策内容和政策协同与执行情况进行有效把握，为提升省级环境绩效提供有益的政策建议。

3.2　环境绩效评估研究

3.2.1　环境绩效的内涵与绩效评估

有学者指出，环境绩效（Environment Performance）是指特定的相同级别的决策单元（同级政府、同类企业等）在投入资源相同情况下，对于环境综合治理和环境保护方面造成的不同投入/产出比（国涓等，2013）。也有学者指出，环境绩效是衡量环境污染和生态破坏程度的一系列指数的总和，是国际社会评估环境管理能力和管理效果的重要手段（曹颖，曹东，2006）。一般而言，这里所指的环境绩效是针对特定的目标对象在特定的地域范围进行的各项生产、生活和管理活动对周边环境的正面或者负面的影响以及各类相关效果的总和，是衡量环境综合治理政策取得效果的主要方式。宏观意义上的环境绩效衡量需要包括环境综合治理政策制定，环境综合治理政策协同与执行以及环境综合治理管理等一系列环境提升措施的构成要素，及其带来的投入/产出比的变化

35

和环保目标的实现程度（Jasch，2000）。

由于当前我国乃至全球都面临着严峻的环境问题，对环境指标进行量化测度，研究环境目标的执行和完成情况是缓解污染、弱化生态威胁、提升环境质量的重要方式，也是可持续发展的迫切需求（罗柳红，张征，2010）。对于环境绩效进行有效评估是实现这一目标的重要手段。通过环境绩效评估，可以找出环境综合治理政策制定和执行过程中存在的各类问题，能够及时有效的协调各方利益，提出具有针对性的意见，有效改善环境状况（Lee et al，2002）。因此，对于包括我国在内的世界各国而言，环境绩效的研究与评估能够有效促进经济发展、社会发展与环境发展的有机整合，对于环境综合治理和环境改善具有重要的实践意义（刘俊秀，2012）。这也是我国实现科学发展，建设生态文明的应有之意。

环境问题是由于长期积累和各方忽视所导致的。环境问题的产生和发展不是一天形成的，而是积弊所致。民众、企业与政府的环保意识也不是在一天就能形成的，需要一个漫长的积累过程（宋国君，马中，2003）。因此，建立有效的环境绩效评估体系可以为防止环境进一步恶化设立有效屏障，能够预防各种可能出现的环境突发情况，也能够量化衡量当前为了改善环境状况而做出的各项努力是否取得了应有的成效，可以提升环境综合治理的效率（宋国君，金书泰，2011）。环境绩效评估是通过一系列环境相关的指标对于环境综合治理和保护的状况进行有效的监控，采用定量的方式持续观测各项预设指标对于环境状况的影响程度。环境绩效评估的实施对于研究环境综合治理政策的有效性、提供正确的政策修订方向具有明显的积极意义（石磊，马士国，2006）。此外，环境绩效评估不仅能够衡量一些指标在长周期范围内对于环境的影响状况，也能够有效地反映污染治理效果等短周期即可测量到的环境保护与治理指标。因此，在西方国家，环境绩效评估已经成为了衡量环境管理能力、环境管理水平、环境综合治理政策制定及执行效果的重要政策工具（Ciocirlan，2008）。

西方国家对于环境绩效的研究和使用已经有数十年的历史。早在 1969 年，对于环境绩效的评估和考核就已经引起了美国环保总署的重视。该部门出台了一系列相关的法案用以支持对环境问题进行系统的评价和分析(刘永祥，宋轶君，2006)。随着技术的发展和环境问题的日益凸显，美国环保总署又相继出台了一系列具体的环境评估方法和标准以测量不同类别的环境问题。当前国际通行的环境绩效测量指标体系就是在 20 世纪 70 年代评估空气污染的指标体系基础之上建立起来的(Keohane et al，1998)。

由于在工业社会中，企业是造成环境污染、影响环境质量最主要的行为主体之一，迫于公众对企业环境问题的压力，美国各大企业首先尝试采用环境绩效评估的方式向社会公众公开环境信息(Ingram and Frazier，1980)。目前这一制度在美国已经十分健全和完善。在此基础上，1986 年美国国会正式通过了第一份关于环境绩效评估的法案，发布了限制排放的毒素种类清单(Schaltegger and Synnestvedt，2002)。这一清单被视为企业需要强制完成其环保义务的开始，也是企业和政府信息公开的起始，更是环境绩效评估制度正式确立的标志(Klassen and McLaughlin，1996)。美国环保总署要求涉污企业必须定期上报各种污染物的排放情况并且向社会公众公开信息。但是，一系列与污染物毒性、企业运营状况、周边环境状况相关的数据并没有被纳入评估体系当中，政府与民众对于企业污染状况的了解仍然停留在感性层面，对于不同区域间环境绩效的差异更无从了解(Russo and Fouts，1997)。

20 世纪 80 年代，英国政府为了加强对环境的监管力度，有效评估环境状况，专门制定了一整套环境指数指标体系。该指标体系中所有的测量结果都可以通过相应的数学计算进行有效加总，最终合并成为一个能够反映环境状况的绩效指数。这是全球范围内首次通过构建指标体系的方式来建立整体性的环境绩效评估指标(Revell and Rutherfoord，2003)。这一方法的确立，为后续环境绩效评估的开展提供了有益的借鉴与参考。

　　随着可持续发展的理念日益深入人心，经济因素已经不再是衡量发展水平的唯一指标。追求经济、社会与环境的协调发展才是当前世界各国的发展主题。在此背景下，Pearce 等人于 1989 年发布了《绿色经济蓝图》(Blueprint for a Green Economy)一书，将环境因素纳入企业决策的指标体系当中，将环境绩效目标作为企业要实现的目标之一，正式确立了环境绩效评估在社会经济生活中的地位(Pearce，1989：3-10)。

　　除此之外，20 世纪 90 年代兴起的风险评估也对环境绩效的评估提供了有益的指导(Matisoff，2008)。风险评估中的很多测算内容和测算方法都被环境绩效评估所借鉴和参考。风险评估的内容成为了现代环境绩效评估的必要补充，特别是风险评估中涉及生态安全、环境状况的内容与数据。

　　自 20 世纪 90 年代开始，OECD 国家已经开始尝试采用环境绩效评估的模式测算区域环境状况(Lee and Walsh，1992；Vermeire et al，1997)。1999 年颁布的 ISO14031 环境绩效评价标准为环境绩效评估的标准化与国际化提供了参考依据(O'Reilly et al，2000；Scipioni et al，2008)。在此基础上，更为完善的环境绩效指数在 21 世纪被多次修订并被广泛应用于世界各地(Esty et al，2006)。各国政府在近年也加大了对于环境绩效评估的重视程度和投入力度，开始利用环境绩效衡量环境综合治理政策的有效性与环境综合治理的结果(Clarkson et al，2008)。

　　总体而言，历经了数十年的发展，环境绩效评估体系已经初步建立并且对于改善环境质量，防治生态破坏起到了积极的作用。环境绩效评估的应用从微观的企业防治污染、实现环保目标上升到宏观层面的辅助政府决策，调整环境综合治理政策的制定和实施。环境绩效可以评估的范围也从某一单一狭小的地域上升到整个区域，甚至是国家的范围。但是，当前学界对于环境绩效评估的定义、内容、方法和结果解读等仍然具有不同的观点。现在对于环境绩效评估的应用仍然处于摸索阶段，有不少的局限性，尚未能被广泛应用于社会经济生活的各个方面。因此，目前国际主流环境政治与政策学界发表论文的研究方法仍然是利用某一或几项项监测统计数据及其简单处理结果指代环境综合治理政策绩效，而非使用某一特定机构发布的专门环境绩效评估结果（郑石明等，2015）。这种方式虽然具有一定的局限性，不能够全面反映环境绩效的总体效果，但是更加具有针对性，能够较好反映环境绩效指标对应的环境综合治理政策的有效性。这一现象值得引起研究者的注意和重视，在研究和使用环境绩效评估结果时需要根据研究方法和研究内容进行有针对性的取舍和选择。

3.2.2 国外环境绩效评估的应用

当前，国际社会对于环境绩效评估的使用主要还是集中在企业层面。各企业希望通过环境绩效评估的方式找出自身环境管理的局限和不足，提升环境管理的效率，有效实现企业设定的环保目标（Ingram and Frazier，1980）。但是，国际社会对于环境绩效的应用已经开始逐步转移到国家和政府的层面。通过对国家和地区层面进行环境状况的多次测量并将评估结果按照时间序列进行对比，就可以有效判断出环境综合治理政策的制定的有效性和执行状况，判断在一定时间范围内国家或者区域环境状况的改善程度（Spangenberg and Bonniot，1998）。

当前国际社会对于环境绩效的研究和测度工作主要集中在非国家行为体中。经济合作与发展组织（OECD），世界银行（WB），欧洲联盟（EU），联合国（UN）以及众多的大学研究机构构成了环境绩效评估的主要力量。虽然这其中大部分组织机构对于环境绩效的评估仍然停留在概念化和指标体系的建立层面，但是仍然有不少组织已经开始开展实证研究来探索区域环境绩效对于社会经济生活以及可持续发展的影响（Hsu et al，2013）。这些评估成果对改善区域环境综合治理状况，提升环境综合治理政策的针对性和执行效果有着不可忽视的重要作用（Kortelainen，2008）。下面将就两种在世界范围内具有代表性，被世界各国广泛应用于衡量宏观层面的环境绩效评估模式进行分析说明：

3.2.2.1　经济合作与发展组织(OECD)模式

经济合作与发展组织包括了当前世界上主流的发达国家。这些国家对于环境问题的重视程度和投入力度在世界范围内都是领先的。如上文所述,OECD 组织也是世界范围内最早尝试采用环境绩效评估的方式衡量区域环境状况的组织(Levrel et al, 2009)。与以往重视企业环境绩效的状况不同,OECD 组织进行的环境绩效评估主要是集中在国家和政府层面的。环境绩效评估的结果主要是供各成员国政府进行参考,为环境综合治理政策的调整和修正提供理论依据(Lloyd, 1996)。同时, OECD 组织对成员国进行环境绩效的测量也是为了在国际社会的范围内宣传环境问题的重要性,呼吁各成员国和国际社会其他成员加大对于环境问题的重视和投入(Huang et al, 2011)。

在环境绩效的评估过程中,OECD 组织主要关注的内容包括三个方面:首先,是关于政府对于环境的管理状况(即是否有效制定相关环保政策,政策是否得到有效执行,是否有效应对各类环境突发问题,已经存在的环境问题是否得到了妥善的解决和改善等);其次,是关于政府在与环境问题非直接相关的领域是否仍然进行了环境方面的因素考量,在公共政策制定的过程中是否自觉地将环境因素作为重要的决策依据之一;最后,是关于参与评估的政府是否积极主动地参与到国际环保合作的进程中,切实履行了自身对国际社会的环境保护义务 (Lehtonen, 2006)。

基于此,OECD 组织对于环境绩效的评估指标主要分成三个大类,即人类活动的影响、自然资源和环境状况以及社会经济表现三大类。这种分类的方式是基于 PSR 模型展开的(Levrel et al, 2009)。人类活动会对环境造成一定的压力(Press),从而对环境和资源状态(Status)造成一定程度的影响,这种影响最终会响应(Reaction)在社会经济的发展层面(彭乾等, 2016)。社会经济层面对于环境的响应会反过来影响环境的状态,从而影响人类可以利用的资源和人类正常活动的展开(参见图

3-1)。围绕着这三个方面和环境 PSR 模型的运行机制，OECD 出台了一系列环境绩效评估的核心指标和指标体系(Lloyd，1996)。

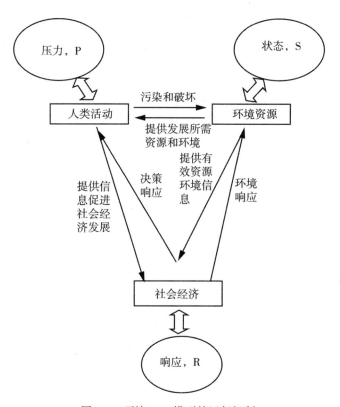

图 3-1　环境 PSR 模型的运行机制

为了确保环境绩效评估的结果是可以进行横向比较的，OECD 组织要求各成员在进行评估的过程中严格遵守相应的指标体系，虽然在一定程度上可以根据国家自身的特点和发展状况对通用环境绩效评估标准进行微调(曹东等，2008)，但是总体上而言，各国采用的指标类别和相应标准是基本一致的。此外，为了保证环境绩效评估的客观和公正，OECD 内部各成员国之间的评估是相互进行的。这种让外部力量介入本国环境绩效评估的做法可以有效避免本国政府出于利益需求而人为干预环境绩效评估结果的状况，可以有助于国际社会间增强环境领域的互信与合作(Vermeire et al，1997)。

自 20 世纪 90 年代起，OECD 组织已经分别在每个十年的范围内进行了一次各成员国的 PSR 环境绩效评估，到现在一共进行了三次(Huang et al，2011)。OECD 的环境绩效评估项目对于组织内各成员国的环境发展状况进行客观的评价，给各国政府的环境发展政策和环境管理提出了中肯的意见，明确指出该国在环境领域面临的问题和不足，提出了许多有益的改进方案(乌兰，周建，2012)。

但是 OECD 的环境 PSR 绩效评估模式仍然具有其局限性。首先，本国的环境状况全部由外国专家和政府官员进行评估，难以避免由于信息不对称和语言文化差异带来的误判情况；其次，统一的评估标准对各不同发展程度的国家难以形成有效的判断力，难以避免评估参数过高或者过低的情况；再次，评估时间间隔过长，对于新出现的环境问题难以进行及时有效的反馈和应对；最后，环境绩效在当前的国际社会中依然是敏感议题，与一个国家的社会经济发展状况紧密相连。出于各种因素的考量，这种大规模、国际化的环境绩效评估行动会受到各种因素的制约和影响，难以做到真正客观和公正。

3.2.2.2　EPI 环境绩效指数模式

EPI 环境绩效指数(Environmental Performance Index)是由哥伦比亚大学和耶鲁大学联合发布的，迄今已经经历了十年的发展时间(Hsu et al，2016：3-5)。与 OECD 模式集中于发达国家(具有高同质性的优质评估对象)的环境绩效评估模式不同，EPI 环境绩效指数模式的评估对象是全球各国，不仅评估的对象具有更大的差异性，在评估的内容和标准上也具有显著的不同(Rogge，2012)。EPI 指数的主要设计目标是为了有效减少环境污染，提升环境管理效率，合理有效的开发自然资源，实现社会经济与环境的可持续发展。EPI 指数更加注重国家可持续发展的能力和环境综合治理政策制定和执行方面的能力，特别是国家实现其环境综合治理目标的程度（Kortelainen，2008）。

　　由于参与 EPI 指数评估是相对开放和容易的，也没有明确的区域限制和附加条件，EPI 指数评估的参与国家在十年的时间内大幅攀升，目前为止已经全面覆盖了世界主要国家和地区（Hsu et al，2016：6-10）。由于该指数是由大学发布，因而受到的政府和各种外部因素的干扰要明显小于 OECD 环境绩效评估模式（曹东，曹颖，2008）。而且 EPI 指数基本上是衡量一国政府在环境综合治理政策制定和执行方面的能力，因而也不会出现 OECD 模式中各国由于经济发展水平不均衡出现的难以统一有效评估的情况。

　　在具体的设计中，EPI 指数主要从国家基础数据、真实环境反馈、环境指标的公开度以及统计数据的真实度等方面入手，利用外部专家对相关维度进行评估和测度（Zhou et al，2007）。EPI 指数的分析中，不同数据源自不同的层级，从环境目标层面、政策制定层面、政策协同与执行层面到技术指标层面都有涉及，以便全方位的反映真实的环境综合治理政策制定和执行情况（Esty and Porter，2005）。在获得了当年的数据之后，EPI 指数的研究人员会将当年数据与往年数据进行对比，并进行回归分析以判断环境状况的改善程度。在近年发布的数据中，研究人员还利用反向推导的方式对于未来环境发展趋势进行了预估，能够有效为各国政府正确审视自身环境发展状况和环境综合治理政策发展方向提供必要的决策参考（Chandrasekharan et al，2013）。EPI 指数测定具体流程如图 3-2 所示：

　　EPI 环境绩效指数评估能够有效帮助政府及时修正和调整环境综合治理政策，加大环境综合治理政策的执行力度，解决各种环境问题，特别是对于发展中国家而言，其政府自身可能难以从有效渠道发现环境综合治理政策中存在的缺陷并及时进行调整，避免各类严重的环境问题，但是 EPI 环境绩效指数提供了客观及时的数据反馈，能够有效解决政府信息不足的问题，为各国政府解决环境问题提供了有效帮助。

　　OECD 模式和 EPI 模式这两种当前在国际社会中应用最为广泛的环

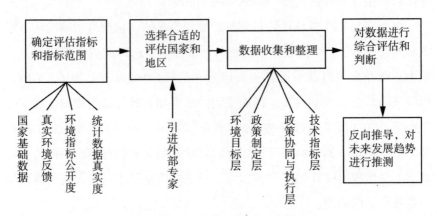

图 3-2　EPI 指数测定的一般流程

境绩效评估模式具有各自的特点、适用对象、评估标准和评估目的。但是总体而言，两者都是为了衡量各国在应对环境问题，改善环境状况方面取得的成效，为环境综合治理政策的调整与改进提供有益的意见。但是由于评估的对象都涉及多个国家，需要考虑到国家之间的各种差异性，因此，在环境绩效评估的指标设计上都具有一些局限性。如果将环境绩效评估设定在一个国家的不同区域范围内，就可以将制度差异、文化差异等国别因素排除开，采用更加具体和细致的指标来度量环境综合治理政策的有效性，更加准确的找出环境发展和管理中存在的各种问题。

3.2.3　环境绩效评估在中国的发展与应用

与西方国家类似，中国的环境绩效评估也是从企业开始进行的（陈静，林逢春，2005）。为了实现企业节能减排、绿色生产、降低能耗和污染，环境绩效评估被应用在各个企业当中以提升企业的环境管理效率（刘建胜，2011；李晓媚，2014）。随着环境问题的日益突出和政府对环境问题的重视，近年来，我国政府也逐渐开始将环境绩效评估应用到政策制定和决策当中，并推广到社会经济生活的各个方面。

3.2.3.1 基于政府视角的环境绩效评估

从 2006 年起，我国学者就开始尝试使用专家赋分等方式来研究地方环保部门的环境管理能力，并尝试将地方环保部门的环境管理能力进行细分和评估（王晓宁等，2006）。在理论上，一些学者也对当前我国政府的环境绩效评估模式进行了分析和修正，在学习西方国家先进环境绩效评估模式的基础上尝试提出适合我国国情的环境绩效评估方式（李宏伟，2007；蔡立辉，2007）。鉴于我国政府的环境绩效评估体系仍然处于初级阶段，建立完备有效的评估体系是当前环境绩效考评的重点。

对于环境绩效的评估指标，有学者指出需要从政府职能履行，环境综合治理政策的效益与应用前景等方面入手考虑（范柏乃，朱华，2005）；也有学者指出可以结合我国自身的特殊国情，将生态文明和科学发展观等内容纳入环境绩效评估体系当中（王丽珂，2014；2016）；还有学者认为，鉴于环境问题的复杂性和多样性，具体的参数指标很难全面的评估环境发展的状况。因此，需要考虑到各种隐性因素对于环境绩效带来的可能影响，并且要考虑绩效评估过程中可能出现的虚报瞒报等情况，采用多种手段来提高环境绩效评估的真实性和有效性（蒋雯等，2009）。

但是，当前也有学者对于政府采用环境绩效评估的方式提出了质疑。虽然环境绩效评估能够找出需要重点关注的环境问题和当前环境综合治理政策中的薄弱环节，但是环境绩效评估的指标仅仅包含了一些能够被有效量化的方面，很多无法量化的方面依然会被忽视（黄爱宝，2008）。而且政府一旦对环境绩效评估产生了依赖性，就不愿意主动寻找和改进环境综合治理政策中的不足，导致了惰政的产生。除此之外，环境绩效评估的技术局限性和目的特定性也会误导政府的环境决策（黄爱宝，2008；2010）。

可以明显看出，21 世纪的第一个十年时间里，我国大部分关于政府环境绩效评估的研究主要还是集中在概念探讨和尝试建立具有普遍适用性的政府环境绩效评估指标体系上。但在近两年情况发生了变化，国内的一些学者也开始尝试使用 OECD 组织使用的环境 PSR 模型来解释中国当前面临的环境问题，分析当前中国的环境绩效（刘丹，2015；彭乾等，2016；黄小卜等，2016；熊建华等，2016）。EPI 指数模式也开始被中国研究者应用于中国的环境绩效研究（董战峰等，2016）。

但是，当前中国学者应用环境 PSR 模型和 EPI 指数研究中国的环境绩效问题仍然处于初级阶段，主要是模仿西方相关文献的研究方式，将各种指标体系照搬到中国的情境当中，缺乏必要的调整和修正。当前尚未有将中国特色的环境绩效评估指标和绩效评估体系用于实证研究的权威论文出版。

如上文所述，无论是环境 PSR 模型还是 EPI 指数都是应用于国际社会当中，其研究的最小单位都是国家，其中不少指标项都过于宽泛、难以细化，也不一定适合中国的国情。因此，在将环境 PSR 模型和 EPI 指数应用在中国的环境实践中时，需要对其指标体系进行小心修正和进一步的细化以符合中国的实际情况。从当前的情况看，真正发挥这两种环境绩效评估模式的作用仍然有很长的路要走。

3.2.3.2　基于区域视角的环境绩效评估

我国以区域为视角的环境绩效评估研究最早出现在 2006 年。一些学者开始尝试使用环境绩效评估的思想和方法来研究区域环境的状况，河南和云南被选做典型案例（王晓宁，2006；曹颖，2006）。在 2008 年时，国外关于环境绩效评估的典型模式（OECD 的环境 PSR 模型和 EPI 指数）被国外学者介绍到中国，开启了中国区域环境绩效研究的新阶段（曹东等，2008）。这两种方法的引进为我国开展定量环境绩效评估提供了思路和参考。在此基础上，中国学者开始将环境绩效评估从概念层面向实践层面发展。开始有学者提出，为了强化地方环境综合治理力度，应该构建区域层面的环境绩效评估机制，把各级政府的环境综合治理状况与官员政绩进行有效结合（王金南等，2009）。随后，便有学者开始尝试在已有理论和国外评估体系的基础上构建中国的区域环境绩效评估系统，并将其应用在衡量具体的环境发展状况之中（张明明等，2009）。

然而，环境绩效评估指数本身如果要发挥重要的作用，必须要和其他环节进行有效对接。量化环境指标的理念和思维以及相应的统计工作应该贯穿在区域环境管理和社会经济管理的各个方面。只有从源头上重视环境评估的量化工作，充分正视环境评估的结果并采取有效的措施应对环境问题，区域环境绩效才能得到真正的提升（王丽珂，2014）。

随后，以省级和市级为单位的区域环境绩效评估研究在各地陆续展开，并且逐步从定性研究的方式向定量研究的方式转变（卢小兰，2103）。环境 PSR 模型和 EPI 指数也在近年陆续出现在对区域环境绩效评估的研究当中（许亚宣等，2016；郝春旭等，2016）。中国学者普遍采用了国际社会已经成熟的指标体系和权重配置，也在一些文献中给出了自制的环境绩效评估指数。但是截至目前，中国学者自制的环境绩效评估指数（省级、地市级层面）尚未获得国家环保部门和学界的广泛支持和认可。

这种评估的方式在很大程度上并不能精准的衡量出真实的区域环境绩效水平。一方面是因为研究者没有根据中国的具体状况调整评估指标的设置并修改权重。当前的环境评估指标很难测量出某一具体环境综合治理政策是否有效，只能从宏观层面反映最基本的环境发展趋势，缺乏现实和应用意义。另一方面是因为当前中国的研究者往往使用的是二手的公开统计数据，并没有亲自前往评估地点采用专家评审的方式严格审核数据的透明度和真实度，难以避免数据造假等情况的出现。此外，很多中国学者的研究专注于某一个时间截面，缺乏有效的连贯性和纵向比较，难以像西方研究者一样通过相关分析判断出某一时间段内区域环境变化的状况及其原因，并对未来的环境状况进行预判。

综上所述，当前中国的区域环境绩效评估已经逐步开始采用科学规范的定量研究方式来评估区域环境的状况。这种环境绩效的评估方式给我国地方政府提供了有效的环境信息，能够及时找出环境问题的所在和环境综合治理政策制定中存在的不足，能够为我国地方政府改善环境综合治理模式、提升环境综合治理效率做出重要的贡献。但是，当前我国的区域环境绩效评估仍然存在着不少的局限。首先，通过文献不难看出，我国当前的区域政府环境绩效评估仍然处于初级阶段，主要还是模仿西方国家初步建立指标体系和评估模式，并没有根据区域特征和我国国情进行有效的修正和调整，没有建立起适合我国国情的环境绩效评估体系。其次，一些学者虽然给出了自制的环境绩效指数，但是并没有实证研究证明这些环境绩效指数被地方政府采纳和吸收并被纳入环境决策之中。目前存在着学界自说自话的情况，研究环境评估的学者自制的绩效评估体系并没有获得其他环境研究学者的认可，环境绩效评估研究并没有产生真正的学术价值。再次，由于与西方国家存在体制、国情等方面的差异，环境绩效评估指标在中国面临着诸多操作化的难题，难以通过专家有效介入获取区域环境发展的真实状况。此外，当前我国关于环境绩效评估的定量研究很多都只有一个笼统的环境绩效指数，甚至很多研究只是列举了环境绩效评估的指标，没有给出有力的数据作为支持和参考。但是真实的环境绩效并不是一个笼统的指数就能够全面覆盖的，需要多方面的论证和说明。最后，当前关于环境绩效评估的研究主要测量的还是国家可持续发展的问题，并没有对环境综合治理政策及其执行的状况进行有效测评。由于缺乏了对于环境综合治理政策制定与执行情况的度量，很多在现实中会严重影响环境绩效的状况都被排除在环境绩效评估指标体系之外，造成了环境绩效评估的失真。

因此，作为主要因变量，省级环境绩效在本书中的应用并不打算采纳中国学者自制的环境绩效考评体系和评估指数，而是采用当前国际环境综合治理学界通用的保守研究方法，即使用统计年鉴和各种调查研究中获取的具有指代意义的重要官方统计数据及其简单处理结果作为环境绩效的衡量标准来研究环境综合治理政策制定和执行的情况。一方面，这样的做法已经在国际学界达成了广泛共识，其科学性和合理性已经受到了各国专家的认可(Lubell et al,2005;Marshall,2008;Tang et al,2016);另一方面,本书侧重研究的是环境综合治理政策制定和政策协同与执行状况对于环境绩效的影响,而非专门研究环境绩效的考评体系、标准和具体指标,因此,采用数组典型的指代数据从各个维度表示省级环境绩效可以更加精准的判断出具体环境综合治理政策的作用与效果,做到有的放矢,能够对相关政策做出更好的评估。这样的模式也可以更好地集中研究精力,防止研究失焦。

当然,当前国内外学界业已取得的环境绩效研究成果也将会被有选择的吸收和引用至本书的分析当中,应用已经成熟的方法和维度来分析影响省级环境绩效的因素。此外,当前国际学界已有的分析模式,特别是采用统计数据、图表和科学严谨的变量选择方法的分析模式将被本书应用到对省级环境绩效的分析当中,为当前我国环境综合治理政策的研究提供必要的理论和数据支持。

3.3　政策协同与执行研究

当前关于环境问题的研究主要集中在环境综合治理方面,对于环境综合治理政策制定和修订的描述性研究已经比较成熟。政府和学界也已经开始采用经济学、统计学、社会学、政治学和环境科学等多学科联动的方式来进行环境综合治理政策制定和修订的相关研究。虽然我国的环境综合治理政策研究仍然处于初级阶段,但是采用的方式、方法已经逐步和国际接轨。不过需要注意的是,有效的政策制定并不意味着政策有效。经过相关统计,在实现预设政策目标的过程中,政策设置与制定只起到10%的作用,而政策的协同与执行因素起到了90%的作用(Allison,1972)。一般而言,所谓的"政策协同与执行"是指政策的参与者通过各种渠道构建强有力的组织,并在组织依托的基础上调动各种资源,将预设的政策文本内容付诸实践以达到政策目标的过程(陈振明,2004:115-117)。政策协同与执行是联通政策设置与政策目标的唯一桥梁。如果政策协同与执行出现问题，无论多精巧的政策设置都无法转化成为预设的政策目标。因此，政策协同与执行是公共政策中最为重要的一环（莫勇波，2005）。当前学界观点认为主流的政策协同与执行模式可以分为三种不同类别：

3.3.1　自上而下式

这种自上而下的政策协同与执行模式（The Sabatier-Mazmanian model）是由中央或者国家政府主导政策制定，地方政府参与、响应和执行相关政策（Sabatier and Mazmanian，1980）。目前已有学者利用这种政策协同与执行模式的模型发现技术水平、专业人员素质以及利益相关者都会对美国州政府的政策协同与执行能力造成十分重要的影响（Lester and Bowman，1989）。这种政策协同与执行模式可以被用来有效推测政策的执行效果及相关部门的政策协同与执行能力低下的原因（Wakita and Yagi，2013）。当前我国的政策协同与执行主要采用的也是这种自上而下的模式。如上文所述，近年来省级政府推行的环保目标责任制主要就是采用了这种政策协同与执行模式。故而，国内学者认为可以在Sabatier-Mazmanian model 的基础上，结合我国具体的政策协同与执行状况，总结出一套符合我国国情的标准化政策协同与执行模式（贺东航，孔繁斌，2011）。

3.3.2　自下而上式

这种自下而上的政策协同与执行模式主要出现在西方民主国家或者是地方拥有极大政治自主权的国家和地区。由于权力的来源是民众的普选，所有地方政府主要向地方选民负责而不是向中央政府负责（钱再见，2001）。在政策协同与执行的过程中，地方政府和官员为了选票和自身利益的考量，会使政策设置、协同和执行倾向于有利于选民的方面，以获得广大选民和利益集团的政治支持，这就是所谓的"街头政治家"（Lipsky，2010：32-40）。这种情况下，地方政府在执行一些由中央政府制定的政策时，难免会出现和选民利益冲突的情况。而自下而上的政策协同与执行模式中，地方政府一般都会倾向于支持选民利益而呼吁中央政府调整和修订相应的政策。这种政策协同与执行模式的优势在于，能够最大程度协调各方利益，特别是将普通民众和利益集团的利益放在首位，实现公共政策服务公众的目标，也能极大的促进地方政府政策创新的积极性（张为波，王莉，2005）。在这种模式的政策协同与执行过程中，可以发现政策制定中所犯的错误并及时反映给政策制定者以做出修正。但是，这种政策协同与执行的模式赋予了地方政府和官员较大的权威，可能会致使其故意与中央政府进行政策对抗以博取个人政治资本（宁国良，2000）。

3.3.3 交流互动模式

交流互动的政策协同与执行模式一般出现在具有非强制权力的国际组织、尝试某一新的政策或者进行政策变迁的过程中，采用这种政策协同与执行模式的第一种情况是，由于一些国际组织或者国家政府对于其所属下级单位缺乏有效的强制约束力，因而无法采用"自上而下"的政策协同与执行模式，但是由于其缺乏必要的民主组织程序和民主素养，故而也无法采用"自下而上"的政策协同与执行形式。相互交流互动的政策模式有利于上级组织与下级组织之间就政策协同与执行的利益分配和权责归属进行谈判和协商，只有采用这种方式才能沟通和连接不同层级的政府，勉强完成政策协同与执行的任务（周国雄，2007）。第二种情况是，在一些国家需要采取一些从未尝试过的，但是却十分必要的、具有较大风险的新政策时，需要进行中央政府和地方政府的有效沟通与交流互动，以便能够及时掌握政策协同与执行过程中出现的各种问题，有效进行政策调整，避免政策协同与执行进入错误的运行轨道（宁骚，2012）。20 世纪 80 年代初我国实行的改革开放政策，采用"摸着石头过河"的方式即属于这种政策协同与执行模式。第三种情况是，进行政策变迁时需要进行不同层级政府的互动。这种交流与互动可以有效协调政策变迁过程中出现的各种利益纷争，也有助于在政策协同与执行过程中形成扁平高效的政策网络(王学杰，2008)。

根据三种不同的政策协同与执行模式和相关的经验研究可以总结出，能够影响政策协同与执行效率的因素首先就是政策自身设置的合理性、适用性、政策内容的阐释情况以及政府信用因素(钱再见，金太军，2002)；其次，政府掌握和投入的政策资源也会对政策协同与执行效率产生重大影响；再次，政府行政能力以及政府官员和具体政策协同与执行人员的个人能力与素养也会影响到政策协同与执行效率(丁煌，定明捷，2004)；最后，协同与执行政策的方式方法能够得到足够的支持和认可也十分重要(董岩，2010)。

根据我国的国情、体制和制度设计状况，当前我国政策协同与执行的主体主要是地方政府，而执行的内容一般是由中央或者省级政府部门制定的政策，即基于 Sabatier-Mazmanian model 的模式(参见图 3-3)(龚虹波，2008)。因此，在当前中国的政策语境下，所谓政策协同与执行指的是地方政府利用各种手段和措施实现上级制定的政策目标的过程(丁煌，汪霞，2012)。

虽然政策协同与执行的重要性已经逐步被国际学界所认知和研究，但是不难发现，当前中国学界对于政策协同与执行的研究仍然处于起步阶段。当前我国关于政策协同与执行的研究主要还停留在概念辨析和对于西方理论的介绍层面，少有针对具体案例的细致实证研究(吴庆，2005)。更为重要的是，由于缺乏必要的分析工具，当前我国学者对于政策协同与执行状况的研究主要还是通过描述和定性分析，比较中央政府政策制定和地方政府政策协同与执行中存在的偏差，并没有采用量化研究等更为精确的分析模式。由于定性分析的模糊性，当前我国的政策协同与执行研究仍然难以准确衡量政策协同与执行的具体效果。

近年来我国学界加大了对于政策协同与执行的研究力度，但是大部分研究还是集中在一般性的公共问题，对于环境问题这样复杂的、涉及多主体的公共问题鲜有涉及。环境问题是当前我国从政府到普通民众都

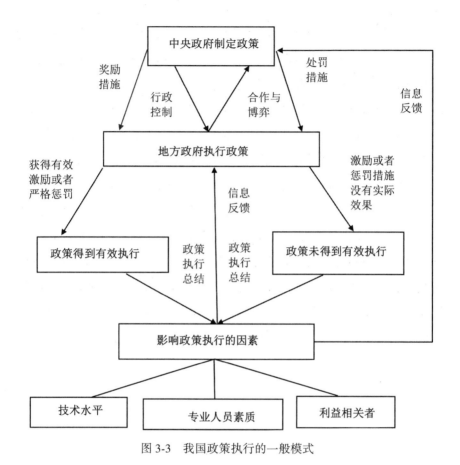

图 3-3 我国政策执行的一般模式

十分重视的热点问题。虽然当前我国的环境综合治理和环境绩效评估不断提升完善,已经逐步和西方国家接轨,但是在具体的政策协同与执行过程中仍然面临着各种问题和挑战。当前很多环境问题都不是政策制定的问题,而是政策协同与执行的问题。特别是环境问题涉及社会公众和众多利益集团,如何协调它们之间的关系和利益,是当前我国环境综合治理政策协同与执行面临的最大挑战。如果地方环保部门或者地方政府在环境综合治理政策协同与执行的过程中逃避自己的责任,忽视了民众和利益集团的诉求,那么环境综合治理政策的执行必然是低效率甚至是无效率的。

当前从公共管理和公共政策领域对中国环境综合治理政策的执行状况进行的研究基本处于空白阶段，没有合理的政策协同与执行模型、定量统计和实证分析。因此，本书拟将环境综合治理政策的执行纳入我国环境综合治理政策研究的考察范畴当中，利用 Sabatier-Mazmanian model 和面板数据分析的方式对当前我国环境综合治理政策的总体执行状况进行考察，并尝试找出影响环境综合治理政策协同与执行的因素对于环境绩效可能带来的影响。在现实的环境综合治理政策协同与执行过程中，一方面，省级政府可能出于自身利益的考量，在环境综合治理政策的执行方面会存在诸多问题；另一方面，由于省级政府和地市政府在环境综合治理方面的利益存在可能的分歧，地方政府和地方环保部门在执行省级政府制定的各项环境综合治理政策的过程中可能会存在多利益主体的博弈行为。而环境综合治理政策的具体执行状况是否会影响到省级环境绩效，当前学界尚未有定论，而这将是本书将要考察的内容。

第4章　环境综合治理政策的比较

本章将主要采用定量研究的方式探索环境综合治理政策与环境绩效之间的关系。本章尝试从不同角度，采用不同方法分析不同类型的环境综合治理政策对环境绩效可能带来的影响。本章第一部分将进行相关研究的大体介绍与综述，从宏观层面论述政策选择的原因，应用研究方法和大体数据来源；第二部分将以省级固体废弃物回收利用政策为例，从时间截面的角度研究一般性环境综合治理政策对于省级环境绩效的影响；第三部分将以省级排污费征收政策为例，从连续时间维度入手研究经济类环境综合治理政策对省级环境绩效的影响；第四部分将以省级环保目标责任制为例，从连续时间维度研究强制性环境责任政策对于省级环境绩效的影响；第五部分是政策比较。

4.1　研究引论

当前我国各省份都出台了门类繁多的环境综合治理政策，且各省份之间的政策类别、政策内容及政策覆盖范围均不太相同，存在一定的差异性。为了实现研究环境综合治理政策对于省级环境绩效影响的目标，保证研究的准确性和严谨性，本章仅选取各个省份都拥有且内容大致相同的、具有典型性的环境综合治理政策进行分析，以期从多维度深入了解环境综合治理政策对省级环境绩效的影响。

根据学术文献和政策文本，从政策分类的角度看，当前的环境综合治理政策大致可以分为三个主要类别,即一般性环境综合治理政策,经济类环境综合治理政策和强制性环境责任政策三种。一般性环境综合治理政策主要是指由省政府和省级环保部门出台的针对特定环境问题的相关政策。该类政策涉及环境综合治理领域的方方面面,具有覆盖范围广、政策目标明确、针对各种具体环境问题的特征,是当前环境综合治理政策的主要类型。该类型的环境综合治理政策主要包括省级固体废弃物回收利用政策、水污染防治政策、空气污染防治政策等政策措施。经济类环境综合治理政策主要是指采用经济手段来控制污染排放,保护环境的政策措施。该类政策主要借助了市场经济的方式方法来调控环境问题,主要包括了征收排污费、交易排放权、征收环保税等不同的政策,是 20 世纪 90 年代中国实行政府与市场结合治理环境阶段的产物。强制性环境责任政策主要是指通过政策制定对地方官员和环保部门相关领导人员设置考核目标,要求在其任期内环境质量保证在一定的标准,不发生严重的环境污染事件,否则就要受到相应的处罚。虽然该类型的政策早已有之,但是直到"十一五"计划,特别是中共"十八大"以后,党和政府将环境综合治理问题提升到了显著的位置,强制性环境责任政策才真正走入人们的视野并逐步发挥其政策效果。强制性环境责任政策是当前学界最热门的环境综合治理政策研究对象。由于落实时间较晚,目前最主要的省级强制性环境责任政策仅包括环保目标责任制和环境问责制两种。各种类型的具体环境综合治理政策可参见表 4-1。

表 4-1 主要环境综合治理政策类型

序号	环境综合治理政策类型	政策举例
1	一般性环境综合治理政策	固体废弃物回收利用政策、水污染防治政策、空气污染防治政策等
2	经济类环境综合治理政策	排污费征收政策、环保税政策等
3	强制性环境责任政策	环保目标责任制、环境问责制等

资料来源:根据环保部,各省、自治区、直辖市环保局网站信息由笔者自制。

　　因此，本章将分别选取三种不同环境综合治理政策类型中的典型政策作为研究对象进行相关研究，而非进行笼统的泛化分析。固体废弃物回收政策与城市发展、城市环境质量有直接的关系，能够较好地反映出一大类废弃物和污染物的处置情况及其对城市环境和区域环境带来的整体影响（卢小兰，2013），并且相较于水污染和空气污染的相关政策，固体废弃物回收利用政策的相关内容及相关研究指标可以更好获得和被量化处理，故本书将选择省级固体废弃物回收利用政策作为代表来研究一般性环境综合治理政策对省级环境绩效的影响。排污费征收政策是最为国际学界所熟知的、最具有代表性的经济类环境综合治理政策。相较于环保税等新兴经济类环境综合治理政策而言，排污费征收政策更加成熟和完善，对其进行分析能够更加客观有效地反映出经济类环境综合治理政策对省级环境绩效的影响，且当前从公共政策和公共管理的角度研究排污费征收政策的文章仍然较少，该研究具有较为显著的理论和现实意义（郑石明等，2015）。因此，本书将选择省级排污费征收政策作为代表来研究经济类环境综合治理政策对省级环境绩效的影响。环保目标责任制是当前最主要和最具代表性的强制性环境责任政策。不仅学界对于强制性环境责任政策的研究主要集中在环保目标责任制上，环保目标责任制也是落实最到位、最具体的强制性环境责任政策。省级环保目标责任制具有重要的指标性意义，可以充分反映出当前强制性环境责任政策对于省级环境绩效的影响（黄爱宝，2016），因此，本书将选择省级环保目标责任制作为代表来研究强制性环境责任政策对省级环境绩效的影响。

　　为了保证研究结果的准确度，本书不仅将采用基于时间截面比较的多元回归分析进行量化研究，同时也将采用基于长时间周期的连续面板数据进行量化研究。这种采用时间截面研究和面板数据研究相结合的研究方式可以较好地反映出不同时间节点和连续时间周期上环境综合治理政策对省级环境绩效的影响，更加全面和客观，可以更好的实现研究意图。

　　由于本章内容主要采用定量研究的方式来研究环境综合治理政策对于省级环境绩效的影响，但具体的政策措施内容无法采用量化的方式进行处理，故本章节中考察各环境综合治理政策主要采用的自变量是各省份是否制定了相关的环境综合治理政策及（或）是否对相关环境综合治理政策进行了修订。已有的研究显示，制定及修订某些环境综合治理政策与否会给环境绩效带来不同的影响（Yi，2014；Tang et al，2016；郑石明等，2015）。因此，上述的主自变量选取方式可以用来研究环境综合治理政策对于省级环境绩效的影响，具有显著的理论与现实意义。而本章中的因变量，如上文 3.2.3 所述，将采用与三类环境综合治理政策密切相关的，具有明显指代意义的具体官方统计数据和指标及其简单处理结果作为省级环境绩效的衡量标准，而非采用学者个人自制的、未经学界和国家有关部门认可的环境绩效指数。本章节涉及的研究方法和自变量、因变量选取方法是当前国际学界所通行的，类似的研究方法和变量选取方法已在环境综合治理类知名国际期刊的多篇高引论文中获得了验证（Tong，2007；Feiock et al，2008；Zhang et al，2010；Xu，2011；Yi，2014；Tang et al，2016）。因此，本书的规范性和科学性都是有保障的。

　　为了推进本书的顺利进行和后续研究的有序开展，笔者通过多方渠道，历时两年时间收集数据并建立了较为全面的、包含众多环境信息和数据的中国省级环境信息数据库。本章和下章研究内容涉及的所有研究数据均源自该数据库，所有研究数据均从公开渠道获得。《中国统计年鉴》《中国城市统计年鉴》《中国环境年鉴》《中国环境统计年鉴》、环保部网站、各省级市级环保部门网站提供了本书所需的所有自变量、控制变量和因变量数据。具体的变量数据来源会在后文的分析论述中具体展现。

　　受限于《中国环境年鉴》《中国环境统计年鉴》仅出版至 2016 年（统计 2015 年数据），本书使用的统计数据时间周期为 2007 年至 2015 年。由于西藏自治区长期缺乏环境统计相关的各类数据，如果将其纳入研究容易使统计分析结果造成偏误，故在本章的研究和下章的研究中，将剔除西藏自治区的相关环境统计数据。此外，我国香港、澳门和台湾也不在本书的范围内，本书仅包括中国大陆的 30 个省、自治区和直辖市级行政单位(部分研究涉及这些省级单位下属的地市级行政单位)(剔除西藏自治区)。

4.2 一般性环境综合治理政策分析

4.2.1 引文

作为中国一般性环境综合治理政策的典型代表，研究省级固体废弃物回收利用政策的制定与使用对于省级环境绩效的影响具有重要的意义。工业固体废弃物作为当前中国最主要的固体废弃物种类，对其研究可以有效反映出固体废弃物这一类别污染物在中国的处置情况。

中国的工业主要分布在城市地区，工业固体废弃物严重影响了城市的环境和可持续发展。如何处理日益增多的固体废弃物，成为中国各级政府特别是地方政府面临的巨大挑战(Chen，2010)。传统的处理方式是焚烧或填埋固体废弃物，但是这会导致严重的环境污染问题，并会造成能源浪费，因此，近年来中国试图从发达国家的固体废弃物管理模式中汲取经验(Zhao et al，2016)。中国政府已经开始采取发展绿色经济，升级产业体系，鼓励社会和市场参与处理固体废弃物等多种途径对固体废弃物进行回收利用(Zhao et al，2014)。但是，我国固体废弃物管理、处置和利用的研究还很不成熟。目前的研究主要是介绍性和描述性的。省级政府的固体废弃物回收利用政策是否对省级环境绩效产生了积极的作用，以及近年来应用的各种固体废弃物处置方式是否有用尚不清楚。

因此，本节研究采用多元回归分析的方法，根据 2009 年和 2015 年两年的统计数据进行比较分析，通过考察各省份是否制定和颁布固体废弃物回收利用政策来探讨其对省级环境绩效的影响。本节将量化省级政府的固体废弃物回收利用政策，并分析其对中国地市级行政单位工业固体废弃物处置和综合利用率的作用。这种研究模式不仅可以显示出环境综合治理政策对于地市级行政单位环境状况的影响，也可以有效考察环境综合治理政策在全省范围内的绩效。

4.2.2 研究变量的选择及设置

4.2.2.1 相关研究定义

根据《中国城市统计年鉴 2016》的定义，工业固体废弃物是指工业生产中产生的固体废弃物。它包括排放到环境中的各种矿渣、矿泥和其他废弃物。工业固体废弃物主要可以分为两类：一类是一般工业固体废弃物，包括高炉渣、钢渣、赤泥、金属渣、煤渣、酸渣、石膏废料、盐泥等；另一类是有毒、易燃、有腐蚀性或有其他危险特性的危险工业固体废弃物。

根据中国国家统计局的说明和《中国城市统计年鉴 2016》的指标说明，工业固体废弃物处置和综合利用是指采用回收、收集和加工等方式，从工业固体废弃物中回收和提取各种资源和能源等原材料，是当前主流的工业固体废弃物循环利用和处理模式。

4.2.2.2 因变量

作为当今最大的发展中国家，现在的中国仍然高度依赖工业来促进社会和经济发展(Zhao et al, 2014)。但是同时，工业固体废弃物也是当今中国城市和区域发展面临的严重影响环境问题的主要因素之一。固体废弃物的处置和综合利用是当前世界各国有效应对工业固体废弃物污染的最好办法。如果工业固体废弃物的处置和利用水平较高，则城市和区域的环境质量就会较好，说明相关的固体废弃物处置政策较为有效，而其所在省份的环境绩效就会较为显著。因此，工业固体废弃物处置和综合利用率可以作为考察省级环境绩效的重要指标之一。

　　在 21 世纪的头十年中，中国政府投入大量资金和政策资源解决固体废弃物问题。根据《中国统计年鉴 2010》的相关数据，2009 年中国政府共计投入了 442.6 亿元官方资金用于工业污染处置。在《中国统计年鉴 2016》中，这一数字在 2015 年达到了 773.6 亿元人民币。由此可以看出中国政府在工业污染处置方面增加的投资力度。但是同样根据这两部年鉴的数据，2009 年工业固体废弃物处置和综合利用的官方投资额为 21.85 亿元人民币，2015 年的官方投资额降至 16.15 亿元人民币。工业固体废弃物处置和综合利用的官方投资金额呈现出下降趋势。中国政府降低工业固体废弃物处置和综合利用的投资是因为工业固体废弃物回收利用政策已经取得了丰硕的成果还是由于政策应用本身出现了问题，当前仍未可知。故本节将工业固体废弃物处置和综合利用率作为研究的因变量来探索省级固体废弃物回收政策的有效性。

　　根据《中国城市统计年鉴 2016》的指标说明，工业固体废弃物处置和综合利用率等于工业固体废弃物综合利用总量除以当年的工业固体废弃物生产总量与历年工业固体废弃物处置和利用存量再乘以 100%，其用公式表示为：

$$Y = \frac{U}{P + S} \times 100\%$$

　　其中 Y 代表工业固体废弃物处置和综合利用率，U 代表工业固体废弃物综合利用量，P 代表当年的工业固体废弃物生产总量，S 代表历年工业固体废弃物处置和利用存量。由于工业固体废弃物处置和综合利用量的计算涉及多种工业固体废弃物的分类、计算和统计，而这一问题是与本书无直接关系的技术和工程问题，故在此不做详细说明。

　　此外，因为工业固体废弃物处置和综合利用率是判断中国城市工业固体废弃物处置利用的常用指标，《中国城市统计年鉴》也系统地收集了相关数据，故本节研究将直接使用相关统计数据作为因变量。本节研究涉及的工业固体废弃物处置和综合利用率的数据来源于《中国城市统计年鉴 2010》和《中国城市统计年鉴 2016》。工业固体废弃物处置和综合利用率的数据包括统计年鉴中涉及的 287 个地市级行政单位。

4.2.2.3　自变量

由于能够影响工业固体废弃物处置和综合利用率的因素有很多，为了保证研究的准确性和严谨性，本节研究在确定将是否制定和颁布具体有效的省级固体废弃物回收利用政策作为主要自变量之外，同时还采纳了其他因素作为自变量来共同进行研究分析。

4.2.2.3.1　省级固体废弃物回收利用政策

虽然关于固体废弃物回收利用和处置的宏观环境综合治理政策是由中央政府和环保部制定与颁布的，但是作为一般性环境综合治理政策的重要组成部分，省级政府和省级环保部门也有权根据自身的经济与环境状况制定和颁布拥有具体政策措施和内容的、具有明确针对性和指向性的、能够被地方政府落实的省级固体废弃物回收利用政策来控制本辖区内固体废弃物的增长。虽然中央三令五申，要求各省级行政单位政府出台固体废弃物处置和利用的具体办法，但是出于各种利益的考量，并不是所有的省级行政单位都颁布有完善的、可被地市级行政单位参考和执行的省级固体废弃物回收利用政策。制定并颁布具有可操作性的省级固体废弃物回收利用政策可以被看成是该省级行政单位致力于进行可持续固体废弃物管理的积极信号。因此，本节研究假设省级固体废弃物回收利用政策对引导固体废弃物管理和处置起到了积极作用。

由于许多省份的固体废弃物回收利用政策都是新颁布的，因此当前学界没有公平客观的评价指标或有效的衡量方法来判断省级固体废弃物回收利用政策的质量。为了有效量化省级固体废弃物回收利用政策，本书依托二元变量来表示 2009 年和 2015 年一个省级行政单位是否制定和颁布了具有具体内容的省级固体废弃物回收利用政策，其中"1"表示该省级行政单位当年颁布和采用了具有具体政策内容并具有可执行性的省级固体废弃物回收利用政策，而"0"表示没有制定和颁布这样的政策。所有有关省级固体废弃物回收利用政策的资料数据来自各省、自治区、直辖市环保和统计部门官方网站。

4.2.2.3.2 严格的环保法规

固体废弃物的处置和综合利用是中国政府环境法规和行政管理规定的重要内容。拥有积极的环境综合治理政策的省、自治区、直辖市应该有更多实质性的政策措施来处置和管理工业固体废弃物。因此，可以推测，如果省份或者城市有更严格的环境法规，则它们可以更好地解决固体废弃物问题。该部分选取垃圾无害化处理率和人均绿地面积作为衡量环境法规严格程度的两个指标。这两个指标可以体现出环境法规重视处理环境问题、提升环境质量的主要特点。本书中这两个变量均来自《中国城市统计年鉴2010》和《中国城市统计年鉴2016》。

4.2.2.3.3 污染物排放

工业废气和粉尘的排放被认为与工业固体废弃物的处置有密切的关系。这两种污染物主要来自碳密集型行业（在中国主要是各类工业企业）（Wang and Hao，2012）。中国大多数的工业生产都会同时制造固体废弃物和废气/粉尘，所以，同一区域的工业废气/粉尘排放量和工业固体废弃物制造量应该是密切相关的。对于工业粉尘和废气排放的研究能够从侧面表现出省级固体废弃物回收利用政策的有效性。

因此，这里假设如果一个城市产生更多的工业废气/粉尘，则将同样会产生更多的工业固体废弃物。工业固体废弃物越多，固体废弃物处置和综合利用的速度越慢，其处置和综合利用率就越低，对省级环境绩效的消极影响就越大。本节研究选取工业二氧化硫（SO_2）和工业粉尘排放量来代表工业废气排放量，因为这两种污染物是当今城市工业制造的最主要的大气污染物。采用工业二氧化硫和工业粉尘排放量的数据而不是直接使用二氧化硫和粉尘排放总量的数据可以加强逻辑链，更好的解释工业废气/粉尘、工业固体废弃物数量和工业固体废弃物利用率之间的关系，避免了由于二氧化硫和粉尘排放量来源多元化而导致的数据失真。

从技术层面而言，中国已经建立了完善的工业二氧化硫和工业粉尘排放监测体系，这些官方统计结果可以确保本书使用的相关数据具有足够的准确性。《中国城市统计年鉴2010》和《中国城市统计年鉴2016》为本节研究提供了工业 SO_2 和工业粉尘排放量的相关数据。

4.2.2.3.4 固体废弃物回收利用值

本节研究同时还将选取固体废弃物回收利用值（城市通过回收利用工业固体废弃物创造的经济产值）来衡量工业固体废弃物回收和利用的水平。固体废弃物回收利用值可以直观的反映省级固体废弃物回收利用政策的成效。可以预计，如果一个城市的固体废弃物回收利用值较高，则这个城市就可以处理更多的工业固体废弃物，把更多的固体废弃物转化成为资源和能源，更好地解决固体废弃物污染的问题，提升省级环境绩效。本书中固体废弃物回收利用值的数据也来自《中国城市统计年鉴2010》和《中国城市统计年鉴2016》。

4.2.2.4 控制变量

本节研究的解释变量还包括年末存款储蓄金额，货物运输总量，人口密度，人均 GDP 和教育水平五个控制变量。具体的变量的选择及设置情况如下：

4.2.2.4.1 年末存款储蓄金额

许多研究人员已经证明，经济发展水平和生活水平越高，产生的固体废弃物就越多（Troschinetz and Mihelcic，2009）。因此，了解一个地区的经济发展水平和平均生活水平有助于了解该地区的固体废弃物处置情况。由于大部分中国人拥有储蓄的习惯，喜欢将剩余财富放置在银行储存，所以年末存款储蓄金额在已有的研究中常被用来衡量一个地区的总体经济发展水平和居民生活状况。高储蓄存款水平通常意味着该地区较好的经济表现和较高的生活水平（Liu et al，2012）。年末居民存款储蓄金额可以代表当地经济健康的状况，对环境和固体废弃物处置有显著的影响。2009 年年末和 2015 年年末居民存款储蓄金额数据来源于《中国统计年鉴2010》和《中国统计年鉴2016》。

4.2.2.4.2 货物运输总量

货物运输也可以产生固体废弃物。工业包装材料和运输过程中产生的废弃物是港口和交通枢纽城市固体废弃物的主要来源之一。货运废弃物的数量会影响整个城市固体废弃物的处置和利用效率。一般而言，货物运输总量越大，产生的运输垃圾和废弃物就会越多，固体废弃物的处置利用率就会越低，环境绩效就会越差。本节研究中货物运输总量的数据来自《中国城市统计年鉴 2010》和《中国城市统计年鉴 2016》。

4.2.2.4.3 人口密度

如果一个城市拥有较密集的人口，那么这个城市就会面临更多的压力来促进经济和产业发展以解决就业问题，因此，这个城市可能不会将环境问题和相关政策放置在经济发展之前。这样的做法可能会对固体废弃物管理和处置产生负面影响；但是，人口密度大也意味着会产生更多的垃圾和废弃物，地方政府会更加迫切地提高固体废弃物管理和处置能力，以维持城市的正常运行。因此，本节研究假设，如果一个城市人口密度较大，那么工业固体废弃物的处置和综合利用率将会较高。本节研究将利用每平方公里的人口数量来衡量人口密度。《中国统计年鉴2010》和《中国统计年鉴 2016》提供了相关研究数据。

4.2.2.4.4 人均 GDP

经济发展水平应与固体废弃物数量呈现正相关，与固体废弃物处置和综合利用水平呈现负相关（Ezeah and Roberts，2012）。人均国内生产总值（GDP）是当前衡量城市和省域经济发展水平最重要的方式之一。通常可以预测，人均 GDP 高的城市工业发展水平较高，产生的垃圾和固体废弃物较多，工业固体废弃物处置和综合利用率较低。但是，"十二五"以来，特别是 2010 年以后，中国更加重视发展绿色产业和循环经济，GDP 的构成发生了重大变化（Su et al，2013）。绿色增长已成为一种新趋势，可能会改变人均 GDP 与固体废弃物处置之间的关系。本节研究将用 2009 年年末和 2015 年年末各地市级行政单位当年的 GDP 总量(单位：亿人民币)除以人口数量(单位为万人)来衡量人均 GDP。此项数据也来自《中国统计年鉴 2010》和《中国统计年鉴 2016》。

4.2.2.4.5　教育水平

一个区域固体废弃物处置和利用情况会受到农民、企业主、政府官员和其他相关社会群体的受教育水平影响(Hanifzadeh et al，2017)。由于中国的教育体系中没有正式的环保教育课程，所以难以直接通过量化研究的方式衡量环保教育水平对于环境绩效的影响。然而，自发的环境保护活动通常发生在大学校园。由此可以猜想，如果一个城市拥有更多具有高等教育经验的人，城市居民的环保意识和该城市处置和综合利用固体废弃物的能力就会更高。本节研究使用具有高等教育经验的人口数量(大专院校学生注册数量/每万人)来衡量一个城市的教育水平。本项数据来源于《中国城市统计年鉴 2010》和《中国城市统计年鉴 2016》。

4.2.3　模型与数据

4.2.3.1　研究模型

本节的研究目的是通过多元回归分析的研究形式探讨省级固体废弃物利用政策(一般性环境综合治理政策)对于所属辖区内各地级市行政单位的工业固体废弃物处置和利用率的影响，进而判断出该政策对于省级环境绩效的影响。该模型可以表述为:

$$Y = \text{sum}(\beta X + \varepsilon)$$

其中 Y 是因变量，即各地级市行政单位(根据相关统计年鉴，共计有 287 个地级市的数据纳入本节研究中)的工业固体废弃物处置和综合利用率。X 是解释变量，包括省级固体废弃物回收利用政策(主自变量)，垃圾无害化处理率，人均绿地面积，工业二氧化硫(SO_2)排放量，工业粉尘排放量和固体废弃物回收利用值等自变量。还包括年末存款储蓄金额，货物运输总量，人口密度，人均 GDP 和教育水平五个控制变量。ε 代表了各城市间存在的差异性和独立性。

4.2.3.2 数据来源与统计描述

本节研究将比较 2009 年数据和 2015 年数据来研究近年来省级固体废弃物回收利用政策对于工业固体废弃物处置和综合利用的影响。2009年的数据可以用来解释 21 世纪前十年中国大陆工业固体废弃物处置和综合利用的情况；2015 年的数据（迄今能获得的最新的官方数据）能够较好反映中国共产党"十八大"以来固体废弃物处置和利用发生的新变化。通过这两年数据的对比分析，可以找出近年来工业固体废弃物处置和利用的发展趋势，从而判断出近年来省级固体废弃物回收利用政策制定和颁布对省级环境绩效的影响。

本节研究使用的数据和资料的主要来源是《中国城市统计年鉴2010》和《中国城市统计年鉴 2016》，这两部年鉴包括大部分自变量和因变量。本节的主要自变量——省级固体废弃物回收利用政策制定与颁布与否则来自各省、自治区、直辖市环保和统计部门官方网站。本节研究中的大部分控制变量来自《中国统计年鉴 2010》和《中国统计年鉴 2016》。

本节研究中涉及的详细变量、测度单位和数据源可以在表 4-2 中找到。此外，表 4-3 和表 4-4 展示了 2009 年和 2015 年数据的描述性统计。

表 4-2 　　　　　　　　　**变量、测度单位与数据来源**

变量	测度单位	变量类型	数据源
固体废弃物处置和综合利用率	各地级市工业固体废弃物处置和综合利用率(%)	因变量	中国城市统计年鉴 2010, 2016
省级固体废弃物回收利用政策	各省、自治区、直辖市是否拥有具体的、包含细节内容的固体废弃物利用政策(0，1)	主自变量	各省、自治区、直辖市环保和统计部门官方网站

续表

变量	测度单位	变量类型	数据源
垃圾无害化处理率	生活垃圾的无害化处理率(%)	自变量	中国城市统计年鉴2010，2016
人均绿地面积	人均拥有的城市绿地(平方米)	自变量	中国城市统计年鉴2010，2016
工业二氧化硫排放量	工业SO_2排放总量(吨)	自变量	中国城市统计年鉴2010，2016
工业粉尘排放量	工业粉尘排放总量(吨)	自变量	中国城市统计年鉴2010，2016
固体废弃物回收利用值	利用工业固体废弃物创造的产值(万元人民币)	自变量	中国城市统计年鉴2010，2016
年末存款储蓄金额	居民在金融机构的储蓄总额(万元/人民币)	控制变量	中国统计年鉴2010，2016
货物运输总量	空运、陆运和海运货物总量(万吨)	控制变量	中国城市统计年鉴2010，2016
人口密度	辖区内平均人口密度(人/平方公里)	控制变量	中国统计年鉴2010，2016
人均GDP	人均国民生产总值(元/人民币)	控制变量	中国统计年鉴2010，2016
教育水平	接受高等教育的人口数(大专院校学生注册数量/每万人)	控制变量	中国城市统计年鉴2010，2016

资料来源：根据《中国城市统计年鉴》(2010 年、2016 年)、《中国统计年鉴》(2010 年、2016 年)和各省、自治区、直辖市环保和统计部门官方网站由笔者自制。

表 4-3   **变量的描述性统计（2009 年数据）**

变量	观测值	平均值	标准差	最小值	最大值
固体废弃物综合利用率	280	81.17175	21.8174	1.85	100
省级固体废弃物回收利用政策	287	0.4703833	0.4999939	0	1
垃圾无害化处理率	258	80.02523	24.54255	0.44	100
人均绿地面积	287	39.90693	56.90494	0.42	724.3
工业二氧化硫排放量	279	59944.44	55641.12	103	586117
工业粉尘排放量	279	19472.51	17031.04	82	108674
固体废弃物回收利用值	274	54600.89	113873	2	1586099
年末存款储蓄金额	287	8812627	1500000	587675	1460000
货物运输总量	287	9539.378	9259.629	409.36	76821.06
人口密度	286	977.0937	871.7021	13.3	5324.12
人均GDP	282	38269.64	24048.86	16.3	146324
教育水平	280	161.2757	214.5462	5.5	1228.06

资料来源：根据《中国城市统计年鉴》（2010 年）、《中国统计年鉴》（2010 年）和各省、自治区、直辖市环保和统计部门官方网站由笔者自制。

表 4-4   **变量的描述性统计（2015 年数据）**

变量	观测值	平均值	标准差	最小值	最大值
固体废弃物综合利用率	278	83.14626	21.33987	0.49	100
省级固体废弃物回收利用政策	287	0.6097561	0.4886569	0	1
垃圾无害化处理率	279	93.38419	12.17444	19.65	100

续表

变量	观测值	平均值	标准差	最小值	最大值
人均绿地面积	277	47. 39215	48. 78732	0	428. 3126
工业二氧化硫排放量	284	49192. 24	42453	208	426800
工业粉尘排放量	284	48901. 32	139805	854	1859866
固体废弃物回收利用值	279	60375. 61	129682. 1	2	1799985
年末存款储蓄金额	286	18100000	25800000	1466300	239000000
货物运输总量	286	14185. 48	20561. 38	80. 0213	285238
人口密度	286	435. 4102	339. 1644	5. 77	2501. 14
人均 GDP	281	62843. 37	32415. 43	15356	195792
教育水平	282	195. 4665	256. 171	6. 29	1293. 69

资料来源:根据《中国城市统计年鉴》(2016 年)、《中国统计年鉴》(2016 年)和各省、自治区、直辖市环保和统计部门官方网站由笔者自制。

4.2.4 分析结果与讨论

经过 Stata13.0 统计软件的分析处理,本部分多元回归分析的结果如下表所示。表 4-5 为 2009 年数据的回归分析结果,表 4-6 为 2015 年数据的回归分析结果。

表 4-5 省级固体废弃物处置与综合利用政策模型分析结果 (**2009 年数据**)

自变量	Coefficient	Standard Errors
省级固体废弃物回收利用政策	5. 786*	2. 616
垃圾无害化处理率	−0. 0462	0. 054
人均绿地面积	−0. 0121	0. 034

续表

自变量	Coefficient	Standard Errors
工业二氧化硫排放量	-0.0001^{***}	0.00003
工业粉尘排放量	-0.0001	0.0001
固体废弃物回收利用值	0.00001	0.00001
年末存款储蓄金额	-0.00001	0.00001
货物运输总量	0.001^{***}	0.0002
人口密度	0.0023	0.002
人均 GDP	-0.0001	0.0001
教育水平	0.00131	0.0064
Constant	83.10^{***}	4.716
Observation	240	
R-squared	0.1612	

注释：$*p<0.05$、$**p<0.01$、$***p<0.001$ 分别表示在 5%、1% 和 0.1% 的显著性水平下显著（单侧检验）。$p<0.1$ 未在图标中加 $*$ 表示。本回归分析的因变量为2009 年工业固体废弃物处置和综合利用率。

资料来源：根据《中国城市统计年鉴》（2010 年）、《中国统计年鉴》（2010 年）和各省、自治区、直辖市环保和统计部门官方网站由笔者自制。

表 4-6　省级固体废弃物处置与综合利用政策模型分析结果（2015 年数据）

自变量	Coefficient	Standard Errors
省级固体废弃物回收利用政策	2.659	2.784
垃圾无害化处理率	0.0267	0.10454
人均绿地面积	-0.0523	0.02849
工业二氧化硫排放量	-0.0001^{*}	0.000035
工业粉尘排放量	-0.000001	0.00001
固体废弃物回收利用值	0.00001	0.00001
年末存款储蓄金额	-0.00001	0.00001

自变量	Coefficient	Standard Errors
货物运输总量	0.0001	0.00015
人口密度	0.023 ***	0.00458
人均 GDP	0.00005	0.00005
教育水平	−0.001	0.00602
Constant	70.68***	9.7187
Observation	252	
R-squared	0.1842	

注释: $*p<0.05$、$**p<0.01$、$***p<0.001$ 分别表示在 5%、1% 和 0.1% 的显著性水平下显著(单侧检验)。$p<0.1$ 未在图标中加 $*$ 表示。本回归分析的因变量为 2009 年工业固体废弃物处置和综合利用率。

资料来源:根据《中国城市统计年鉴》(2016 年)、《中国统计年鉴》(2016 年)和各省、自治区、直辖市环保和统计部门官方网站由笔者自制。

通过单侧检验,两个多元回归模型的结果显示,2009 年和 2015 年的部分重要变量在 5% 和 1% 的显著性水平下显著,部分数据甚至在 0.1% 的高显著性水平下显著。两个多元回归模型的 R-squared 拟合的拟合优度都接近 20% 的水平。由于本节研究中的样本总量不是很大(每年 287 个观测值),而研究中共有 11 个解释变量,所以 R2 = 0.1612 (2009 年数据) /R2 = 0.1842 (2015 年的数据) 在可接受的范围内。

为了更好的阐释研究结果,除了多元回归分析的结果之外,本节研究还为两个年份的不同解释变量(除省级固体废弃物回收利用政策之外的 10 个解释变量)绘制了散点图和趋势线,希望通过比较不同变量的异同来加强对研究结果的分析。图 4-1 是 2009 年变量的散点图和趋势线,图 4-2 是 2015 年变量的散点图和趋势线,图 4-3 是 2009 年变量和 2015 年变量的散点图和趋势线。以下分析内容将提供具体的研究结果解释。

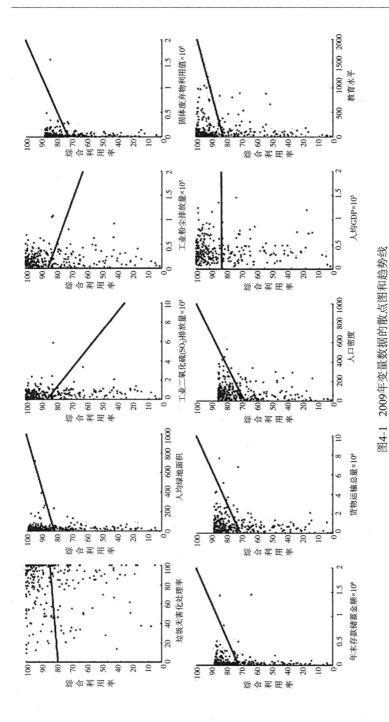

图4-1　2009年变量数据的散点图和趋势线

资料来源：根据《中国城市统计年鉴》（2010年）、《中国统计年鉴》（2010年）和各省、自治区、直辖市环保和统计部门官方网站由笔者自制。

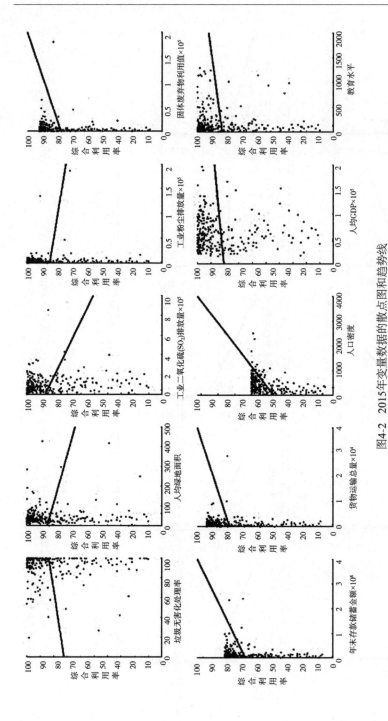

图 4-2 2015 年变量数据的散点图和趋势线

资料来源：根据《中国城市统计年鉴》（2016年）、《中国统计年鉴》（2016年）和各省、自治区、直辖市环保和统计部门官方网站由笔者自制。

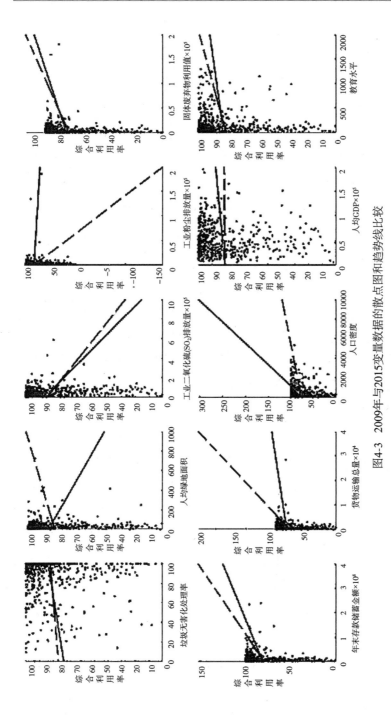

图4-3 2009年与2015变量数据的散点图和趋势线比较

注释：实线代表2009年数据，虚线代表2015年数据。

资料来源：根据《中国城市统计年鉴》（2010年，2016年）、《中国统计年鉴》（2010年，2016年）和各省、自治区、直辖市环保和统计部门官方网站由笔者自制。

4.2.4.1　省级固体废弃物回收利用政策

根据上述结果表述，可以发现表 4-5 和表 4-6 中的分析结果支持省级固体废弃物回收利用政策的假设。即制定和颁布包含具体政策细节的、可供地市级行政单位执行的省级固体废弃物回收利用政策的地区拥有更好的工业固体废弃物处置和综合利用率，其所在省份也会拥有更好的省级环境绩效。

2009 年省级固体废弃物回收利用政策与工业固体废弃物处置和综合利用率在 5% 的置信水平上呈现统计显著性，两者关系为正相关。在其他因素不变的情况下，如果一个省级行政单位制定包含具体政策细节的、可供地市级行政单位执行的省级固体废弃物回收利用政策，那么该省份所有地市级行政单位的工业固体废弃物处置和综合利用率将会上升。2015 年的统计结果虽然在 5%，1% 和 0.1% 的置信水平上不具有显著的统计意义，但我们仍然可以发现省级固体废弃物回收利用政策与工业固体废弃物处置和综合利用率呈现正相关。

根据多元回归分析的结果，如果某个省份在 2009 年制定或颁布了具有具体内容和可操作性的省级固体废弃物回收利用政策，该省级行政单位下辖的地市级行政单位平均可以将工业固体废弃物处理量增加 5.8% 左右。但是这一比例在 2015 年下降到 2.66%。这一变化与前文述及的相较于 2009 年，2015 年政府减少工业固体废弃物处置和综合利用投资额的趋势相吻合。其中一个原因是国家环保“十二五”规划以来，我国政府已经采取了多元化的固体废弃物处置和回收利用政策，更多的一般性环境综合治理政策陆续出台用以应对固体废弃物问题（Chen et al，2017）。省级固体废弃物回收利用政策不再是省级行政单位处理工业固体废弃物的唯一选择，因此省级固体废弃物回收利用政策对于工业固体废弃物处置和综合率的影响不再显著。另一个原因是尽管 2009 年以后更多省份实行固体废弃物处置和综合利用政策，但是同样的政策已经在北京、河北等省、自治区、直辖市应用了十多年。这些省、自治区、直辖市的固体废弃物回收利用政策的边际效应有所下降，其对于工业固体废弃物的处置和综合利用率的影响和作用也在下降。

总体而言，研究结果显示，作为最重要的省级固体废弃物管理政策之一，省级固体废弃物回收利用政策的确能够有效提升省级环境绩效，该政策有力推动了我国固体废弃物处置水平的提升。由于 2009 年和 2015 年省级固体废弃物回收利用政策制定与颁布率均较高，省级固体废弃物回收利用政策对固体废弃物处置的积极影响在研究预期之内。但是，省级固体废弃物回收利用政策对于工业固体废弃物处置和综合利用率的影响由 2009 年的统计显著变为 2015 年的统计不显著，也说明了省级固体废弃物回收利用政策对于省级环境绩效的影响能力在减弱。该情况需要引起有关部门的注意和重视。省级政府和环保部门应该适时地进行政策评估和调整，延长和重塑省级固体废弃物回收利用政策对工业固体废弃物处置和综合利用率的积极影响，更好地促进省级环境绩效的提升。

4.2.4.2 严格的环保法规

从回归分析和散点图可以看出，生活垃圾无害化处理率和人均绿地面积的相关数据与工业固体废弃物处置和综合利用率并没有在 5%，1% 和 0.1% 置信水平上呈现统计显著性。且垃圾无害化处理率与工业固体废弃物处置和综合利用率在 2009 年呈现负相关而在 2015 年呈现正相关，相关性发生了显著变化。对垃圾无害化处理率相关性变化的解释是，2009 年城市固体废弃物处置问题刚刚进入政府的政策议程，刚开始受到政府的政策关注。彼时，由于缺乏行之有效的政策体系和应对措施，政府没有足够的能力同时处理大量的生活垃圾和工业固体废弃物（Zhang et al，2010）。受限于有限的垃圾处理能力，处理更多的生活垃圾意味着更少的工业固体废弃物将被回收和利用。因此，生活垃圾无害化处理率与工业固体废弃物处置和综合利用率呈现负相关。然而，到 2015 年，我国大部分城市的垃圾/固体废弃物处置能力都获得了极大的提升和长足的发展。生活垃圾处理和工业固体废弃物处置不再受限于城市的垃圾/固体废弃物处置能力，因此两者呈现出正相关。这也从侧面说明省级固体废弃物回收利用政策取得了一定的积极效果，中国的固体废弃物处置能力得到了有效的提升，对于省级环境绩效有积极的意义。

对于人均绿地面积这一变量与工业固体废弃物处置和综合利用率呈现负相关的解释则需要使用到环境库兹涅茨曲线的理论。根据相关研究，我国人均绿地面积较大的城市通常位于工业发展水平较低的地区，处于环境库兹涅茨曲线理论中的未工业化阶段（除极少数大都市）（Arbulú et al，2015）。而西方国家人均绿地面积较大的城市则已经完成了工业化，处于后工业化阶段。由于我国这些城市拥有较低的工业发展水平，因此也只拥有较低的工业固体废弃物处理能力，导致人均绿地面积与工业固体废弃物处置和综合利用率呈负相关。我国只有大部分城市改变目前重工业化的发展模式，采用可持续的发展模式，建立有效的工业固体废弃物回收和利用系统，将省级固体废弃物回收利用政策真正落到实处，人均绿地面积与工业固体废弃物回收和综合利用率才可能呈现出正相关（Zhou et al，2017）。

4.2.4.3　污染物排放

工业二氧化硫（SO_2）排放量是在 2009 年和 2015 年两年数据的多元回归分析中均显示统计显著性的变量。基于 2009 年数据，工业二氧化硫排放量和工业固体废弃物处置和综合利用率在 0.1% 置信水平呈现负相关。基于 2015 年数据，两者在 5% 置信水平上呈现负相关。在其他因素保持不变的情况下，当工业二氧化硫排放量减少时，工业固体废弃物处置和综合利用率会略有增加。由于工业二氧化硫排放量和工业固体废弃物均来自工业生产，这一结果与工业二氧化硫排放量可能影响工业固体废弃物处置和利用率的假设一致。

由于不同行业产生的工业二氧化硫和工业固体废弃物的数量与比例各不相同，所以工业二氧化硫排放量与固体废弃物处置和利用的相关程

度在不同的工业部门之间是不同的（Li et al，2015），这就是分析结果
中的相关系数很小的原因。总之，工业二氧化硫排放量与工业固体废弃
物处置和综合利用率呈现高度统计显著性证明两者之间是密切相关的。
但是，由于相关系数过小，对于统计分析结果的解释和应用仍然需要
谨慎。

类似的结果也可以用来解释工业粉尘排放数据。尽管 2009 年和
2015 年工业粉尘排放量与工业固体废弃物处置和综合利用率在 5%、
1% 和 0.1% 的置信水平上未显示统计显著性，但相关系数仍显示工业粉
尘排放量与工业固体废弃物处置和综合利用率呈负相关。

为了证明工业二氧化硫排放和粉尘排放的确对工业固体废弃物处置
和综合利用率产生影响，本节研究从统计层面进行了二度测试。笔者在
删除工业二氧化硫排放量和工业粉尘排放量两个变量并保留其他变量的
情况下，对 2009 年和 2015 年的数据再次进行多元回归分析。通过回归
分析可以发现，如果工业二氧化硫排放量和工业粉尘排放量从回归分析
中被剔除，那么 2009 年数据回归分析的 R^2 拟合优度从 0.1612 减少到
0.0646，2015 年数据回归分析的 R^2 拟合优度从 0.1842 减少到 0.1653。
因此，可以认为工业二氧化硫排放量和工业粉尘排放量是解释工业固体
废弃物处置和回收利用率必须包含的变量。

4.2.4.4　固体废弃物回收利用值

根据多元回归分析结果，2009 年和 2015 年的固体废弃物回收利用
值与工业固体废弃物处置和综合利用率虽然未在 5%，1% 和 0.1% 三个
置信水平上具有统计显著性，但是仍然呈现正相关。回归分析的相关系
数（0.00001）表明，固体废弃物回收利用值与工业固体废弃物处置和
回收利用率之间的相关性较弱。究其原因，是由于近年来我国采取了多
种废弃物回收利用政策，类型和数量众多的固体废弃物都已经被循环利
用并带来较高的经济价值（Chen et al，2017）。但是，根据《中国城市
统计年鉴 2016》的相关指标说明，固体废弃物回收利用值的统计指标

只计算了回收利用某些特定种类的固体废弃物所创造的经济价值。虽然本节研究中固体废弃物回收利用值本身不能直观地反映出省级固体废弃物回收利用政策的效果，但是固体废弃物回收利用值对工业固体废弃物处置和综合利用率影响较弱的现实间接反映出的是制定和颁布拥有具体内容和具有可执行性的省级固体废弃物回收利用政策推动了地市级行政单位固体废弃物回收利用的多样化和快速发展，从侧面反映出了省级固体废弃物回收利用政策对省级环境绩效的提升作用。

4.2.4.5　控制变量

本书中，2009 年的货物运输总量与工业固体废弃物处置和综合利用率在 0.1% 的置信水平上具有统计显著性且呈现出正相关关系。而这一控制变量与因变量在 2015 年则没有在 5%，1% 和 0.1% 的置信水平上呈现统计显著性。这意味着在控制其他因素不变的情况下，如果一个城市的货物运输总量在 2009 年增加 1000 个单位，则工业固体废弃物处置和综合利用率可以增加 1 个单位。而在 2015 年，工业固体废弃物处置和综合利用率在同等情况下只会增加 0.1 个单位。

从图 4-3 可以看出，人口密度与工业固体废弃物处置和综合利用率呈正相关关系。在 2009 年，如果控制其他因素不变，则人口密度增加 1%，工业固体废弃物处置和利用率将上升 0.0023%。在 2015 年，人口密度和工业固体废弃物处置和综合利用率呈现高度正相关，且人口密度增加 1%，工业固体废弃物处置和利用率将上升 0.023%。这一结论与预计假设基本一致，即拥有更多的人口也意味着城市有更多、更好的机会管理环境问题和固体废弃物处置问题。尽管高人口数量和人口密度意味着城市会产生更多的固体废弃物，但是中国的大部分省、自治区、直辖市政府已经用省级固体废弃物回收利用政策和具体的政府行动证明他们考虑到了人口增长带来的挑战和负面影响，并采取了积极有效的措施来应对人口密度和数量增长带来的固体废弃物排放增量，有效改善了省级环境绩效。

从表 4-5，表 4-6 和图 4-1，图 4-2，图 4-3 可以看出，2009 年人均 GDP 与工业固体废弃物处置和综合利用率呈负相关，而在 2015 年人均 GDP 与工业固体废弃物处置和综合利用率呈正相关。从相关系数的大小来看，在 2009 年，人均 GDP 每增长 1%，工业固体废弃物处置和综合利用率就会下降 0.0001%。从 2009 年的数据可以看出，人均 GDP 较高的城市比人均 GDP 较低的城市面临更多固体废弃物处置和回收利用的问题。这种现象与当时我国各省份的经济结构是密切相关的。由于当时我国的大部分省份仍然依赖会造成一定环境污染的工业发展来促进经济增长，所以富裕的工业大省在工业固体废弃物处置和综合利用方面会比工业弱省遇到更多的问题。但是这一情况在"十二五"之后发生了显著变化。从环保"十二五"规划来看，我国加大了循环经济和绿色产业发展力度（Chen et al，2017），自此我国的经济结构开始发生变化，污染型工业企业的发展受到了限制，绿色 GDP 开始占据较大份额。随着我国试图改变和升级其经济和工业体系，GDP 变得越来越环保。因此，在 2015 年时，人均 GDP 每增长 1%，工业固体废弃物处置和综合利用率就会增加 0.00005%。虽然这种增量的幅度非常小，但是也表明人均 GDP 开始与工业固体废弃物处置和综合利用率呈正相关关系。这也从侧面说明省级固体废弃物回收利用政策的颁布与推广在一定程度上推动了循环产业和绿色经济的发展，给省级环境绩效带来了积极的影响。

年末存款储蓄金额与工业固体废弃物处置和综合利用率在 2009 年和 2015 年均呈现负相关。这两年的数据显示，年末存款储蓄金额每增长 1%，工业固体废弃物处置与综合利用率就会下降 0.00001%。中国存款储蓄率较高的城市通常比其他城市的经济状况好。这些城市一方面高度依赖工业进行经济发展，另一方面也产生更多的固体废弃物。这些城市面临着维持高生活水平和经济增长的压力，这些压力降低了城市固体废弃物处置和综合利用的有效性。如前所述，我国的工业和经济结构以及人们的生活习惯正在发生变化（Clemes et al，2014），在大城市中，特别是在年轻人构成的消费群体中，高消费已经逐步取代高储蓄成为我国城市新的生活方式。因此，年末存款储蓄金额对当地经济健康的影响比以前弱得多。这可以解释年末存款储蓄金额与工业固体废弃物处置和综合利用率之间的相关系数为什么如此之小。但是高消费型的生活方式也必然意味着会有更多的固体废弃物产生，这种转变可能会对省级环境绩效带来消极影响，值得引起政策制定者和执行者的重点关注。

最后，多元回归分析结果和散点图表明，教育水平对工业固体废弃物处置和综合利用率有一定的影响。根据研究假设，由于中国人的环保意识和教育水平不断提高，大专院校学生注册数量与工业固体废弃物处置和综合利用率之间应该存在正相关关系。但从表 4-5 和表 4-6 可以看出，2009 年和 2015 年大专院校学生注册数量与工业固体废弃物处置和综合利用率的相关性并不相同。在 2009 年，大专院校学生注册数量与工业固体废弃物处置和综合利用率呈现正相关，这与研究假设是一致的。当大学生人数每增加 1%，固体废弃物处置和综合利用率就会上升0.00131%。但是在 2015 年，大专院校学生注册数量与工业固体废弃物处置和综合利用率呈现微弱的负相关。在 2015 年，每当大学生数量增加 1%，固体废弃物处置和综合利用率会下降 0.001%。结合相关文献可以发现，大专院校学生注册数量与工业固体废弃物处置和综合利用率的相关性变化可能会受到其他原因的影响，而非受教育水平本身。在线购物和外卖食品产生的包装材料和垃圾在过去五年已经成为了固体废弃物新的组成部分。由于大学生是网上购物和外卖食品的主要消费群体之一，大专院校学生注册数量的增加意味着更多的网购和外卖垃圾产生，这会对固体废弃物处置和综合利用产生负面影响（Clemes et al，2014）。不良新型消费习惯的负面影响抵消了高教育水平的积极意义。为了促进可持续发展和环境绩效的提升，政策制定者和执行者应当加强环保教育，在年轻人中提倡健康环保的消费习惯。

4.2.5   研究小结

固体废弃物已成为近四十年来影响中国可持续发展的最严重的问题之一。虽然我国政府已经在众多省份颁布和推广了省级固体废弃物回收利用政策来解决固体废弃物处置问题，但工业固体废弃物处置和综合利用的效果还没有在地市级行政单位获得系统的检验，其对于省级环境绩效的影响尚不明确。本节研究分析了影响固体废弃物处置和综合利用能力增长的因素，主要提出了制定和颁布具有具体政策内容和具有可执行性的省级固体废弃物回收利用政策会对工业固体废弃物处置和综合利用率产生积极影响的假设。

通过上述多元回归分析比较 2009 年和 2015 年的数据可以发现，制定和颁布具有具体政策内容和具有可执行性的省级固体废弃物回收利用政策确实会有效提升工业固体废弃物处置和综合利用率，有助于缓解固体废弃物污染的问题，这与预先设定的研究假设基本一致。对其他相关变量分析的结果也辅助验证了以省级固体废弃物回收利用政策为代表的一般性环境综合治理政策在一定程度上能够有效提升省级环境绩效。通过本节研究可以发现，省级层面的一般性环境综合治理政策对于地市级行政单位的环境状况会造成影响，这些一般性环境综合治理政策能够影响全省范围内的环境绩效。

但是，上述研究结果也反映出一些问题，值得引起政策制定者、执行者和相关研究学者的关注与重视。首先，省级固体废弃物回收利用政策对工业固体废弃物处置和综合利用率的影响强度是在不断下降的。近年来中国颁布了一系列一般性环境综合治理政策，虽然整体省级环境绩效得到了提升，但是单个环境综合治理政策的边际效益却在不断地下降。随着时间的变化，单独的一般性环境综合治理政策所能带来的环境绩效提升效果愈发有限。其次，原有的研究体系和研究指标已经难以有效解释环境综合治理领域出现的新情况。自"十二五"计划以来，中国的经济与工业发展模式发生了重大转变，循环经济与绿色产业在国民经济中的比重越来越大。虽然整体环境状况向好,但是官方的统计数据仍然缺乏相应的衡量指标,一些过时的统计指标已经不再能够准确反映出当前中国环境发展与环境综合治理面临的机遇和问题。这一现象值得引起相关学者的重视,官方环境统计指标的更新与升级已经成为了必然的趋势。再次,一些新兴的消费模式和生活习惯可能给环境综合治理和环境绩效带来新的挑战。随着中国社会经济的发展和人民生活水平的提升,高消费、便捷型与享乐型的消费和生活方式日益成为社会主流。这样的生活与消费模式受到了众多新兴企业和广大民众的支持与追捧,对于社会经济的发展也能起到积极的作用。但是这些生活与消费模式是以产生大量垃圾和固体污染物为代价的,对于固体废弃物处置和环境绩效都会带来消极的影响,是不利于可持续发展的。因此,政府工作人员、企业和民众都应该对此具有清醒的认识。政府工作人员应当对新的现象和问题引起足够重视,并出台相应政策积极应对;企业应该更多履行社会责任与环保责任,在考虑经济效益的同时兼顾环境效益;广大民众应该具有客观理性的认识,不盲从这种可能带来严重环境问题的生活方式与消费模式,应该将健康环保的理念融入日常生活当中。

4.3 经济类环境综合治理政策分析

4.3.1 引文

省级排污费征收政策是中国经济类环境综合治理政策的典型代表,已经在部分省级行政单位制定和颁布多年,对于省级环境绩效的提升和改善具有重要的意义。但是作为最主要的经济类环境综合治理政策,排污费征收的过程中存在诸多问题,政策本身是否实现了通过经济手段调节环境绩效的目的仍不明确(郑石明等,2015)。虽然当前学界对排污费征收政策的研究较多,但是大部分政策研究都集中在描述性研究或者案例研究上,而较为深入的定量研究又集中在分析排污费征收的经济效益方面，并没有过多考虑环境效益和政策效果。所以，研究省级排污费征收政策对省级环境绩效的影响能够有效反映出经济类环境综合治理政策的真实效果，为政策调整和修订提供必要的理论依据。

伴随我国改革开放和快速工业化而来的是严重的环境污染问题。在经济利益的诱惑之前，政府的一般性环境综合治理政策在市场经济的状态中已经难以有效遏制工业发展带来的环境污染。对于政府的一般性环境综合治理政策和关于保护环境的三令五申，企业并未表现出畏惧和顺从，而是看准政府无法有效采取强制措施的劣势而变得更加肆无忌惮（丁煌，定明捷，2004）。在这种背景下，一些省级行政单位响应中央号召，出台了排污费征收政策，采用经济手段来应对企业的污染排放问题。部分学者认为，在市场经济的环境中，只有采用经济手段来提升企业污染环境的成本，增加企业支付的额外费用才能够遏制生态环境的进一步恶化（崔亚飞，刘小川，2010）。

相较于其他类型的环境综合治理政策而言，经济类环境综合治理政策采用了经济手段来治理环境问题，政府官员拥有了更多的寻租空间，而企业也可以通过行贿等方式减免和逃避应当缴纳的排污费，给环境综合治理带来新的问题与挑战。所以当前有不少学者质疑我国采用的省级排污费征收政策是否取得了应有的效果，是否真的对于提升省级环境绩效产生了积极的意义（Schreifels et al，2012）。由于当前学界仍然缺乏从公共管理和公共政策的视角进行关于省级排污费征收政策的深入研究，本节研究拟采用量化研究的方式考察颁布和修订包含具体政策内容和可供地市级行政单位执行的省级排污费征收政策对省级环境绩效的影响。

由于本节研究涉及多个省份的不同时间截面数据和变量横截面数据，故拟采用面板数据分析的方法，根据从 2007 年到 2015 年 9 年的统计数据进行分析。本节研究将量化省级行政单位的排污费征收政策，并分析其对省级"工业三废"排放综合达标率的影响。这种研究模式可以较为详实地显示出省级排污费征收政策的真实效果，也可以反映出经济类环境综合治理政策的利弊。

4.3.2　研究变量的选择及设置

4.3.2.1　研究假设

由于省级排污费征收政策的制定和颁布在一些省份具有较长的历史，也面临诸多的问题，所以对其进行系统的定量分析会遇到众多困难和考验（郑石明等，2015）。为了使得研究具有条理性，能够更好地考察和反映省级排污费征收政策对于省级环境绩效的真实影响，本节内容将明确研究假设，并在研究假设的基础之上确定因变量和自变量。

首先，考察省级排污费征收政策对于省级环境绩效的影响，最主要的假设就是如果制定和颁布含有具体内容且被相关部门重视的省级排污费征收政策，则整体省级环境绩效将会较好。

其次，如果省级行政单位对于环境问题较为重视，愿意为地方环境整治和提升投入更多的资源和力量，且拥有较大的财政权力来征收排污费和应对其他问题，则省级环境绩效将会较好。

再次，如果地方群众对于环境保护有较强诉求，对于企业排污行为的抵制较强，则省级政府会更有意愿和动力来推动省级排污费征收政策的更新和升级，对于省级环境绩效会带来更为积极的影响。

除了上述主要假设之外，根据已有的研究结论可以发现，一个地区的经济发展水平、工业发展水平和民众受教育水平都会对其环境产生一定程度的影响。因此，本节研究也将把相关内容作为控制变量进行考察，以辅助分析省级排污费征收政策对省级环境绩效的影响。

4.3.2.2　因变量

省级排污费征收政策是采用经济手段针对直接破坏环境的各项污染物排放的环境综合治理政策，排污费征收政策的有效与否对省级环境绩效有直接的影响。根据国务院出台的《排污费征收使用管理条例》及国务院和环境保护部颁布的《排污费征收标准管理办法》，省级排污费征收政策针对的直接对象是向自然环境排放废水、废气和固体废弃物（"三废"）的各个企业。而工业废水、工业废气和工业固体废弃物也是污染环境，影响环境绩效的重要指标（Hanifzadeh et al，2017）。因此，工业废水、工业废气和工业固体废弃物排放和回收利用的达标率可以有效指代省级环境绩效，也能够较为直观的判断出省级排污费征收政策是否有效。如果"工业三废"排放的达标率和回收利用率较高，则说明排污费征收政策较为有效，省级环境的整体绩效较好。

但是，当前各种官方统计年鉴当中并没有明确针对"工业三废"的综合评价指标。官方通行的《中国环境年鉴》《中国环境统计年鉴》和《中国统计年鉴》关于污染物排放达标率和利用使用率的主流统计指标仅有工业废水排放达标率、工业二氧化硫排放达标率、工业粉尘排放达标率和工业固体废弃物处置和综合利用率等具体指标。因此，为了综合考量"工业三废"的排放达标情况和回收利用情况，准确衡量"工业三废"处置对于省级环境绩效的影响，本节研究将在统计年鉴已有指标和数据的基础之上，对"工业三废"的主要衡量指标进行简单处理和综合，以获得"工业三废排放综合达标率"作为本节研究的因变量。

"工业三废"排放综合达标率是将各省级行政单位的工业废水排放达标率、工业二氧化硫排放达标率、工业粉尘排放达标率和工业固体废弃物处置和综合利用率进行加权处理获得的用以综合衡量"工业三废"排放和利用情况的指标。由于工业废水、工业废气和工业固体废弃物都是排污费征收政策针对的收费类别，彼此之间并没有孰重孰轻之分，因此在进行加权处理时，本节研究选择将上述四项指标的权重保持一致，以示平等对待不同类别的污染物。所以，一个省级行政单位在某一年的"工业三废"排放综合达标率就等于其工业废水排放达标率、工业二氧化硫排放达标率、工业粉尘排放达标率与工业固体废弃物处置和综合利用率之和再除以4，用公式表示为：

$$Y = \frac{W + S + P + U}{4}$$

其中 Y 代表"工业三废"排放综合达标率，W 代表工业废水排放达标率，S 代表工业二氧化硫排放达标率，P 代表工业粉尘排放达标率，U 代表工业固体废弃物处置和综合利用率。

由于在中央和各省、自治区、直辖市的排污费征收政策当中除上述四种笼统的工业污染物之外并没有明确规定需要收费的具体污染物种类，而是可以由各地方行政与环保部门根据本地的具体状况进行设置和调整，所以本书在进行"工业三废"排放综合达标率的测算时并没有直接使用其他具体的污染物排放指标来进行加权和赋值，而是选用统计年鉴中已有的四种各省、自治区、直辖市都拥有的、可以指代各种类型污染物排放的数据进行等值加权处理。这样的优势一方面在于各省、自治区、直辖市在呈报统计数据时已经根据本地具体污染物排放情况进行了测算，其统计数据可以直接使用，更加便捷；另一方面，相较于个人将各类数据进行统计处理，由统计和环保部门测算的污染物排放类别和比例会更加科学和客观，使其对省级环境绩效的指代作用更加贴近于真实的状况，可以避免出现某些学者在测算环境绩效指标时出现的偏误和疏失。

工业废水排放达标率、工业二氧化硫排放达标率、工业粉尘排放达标率和工业固体废弃物处置和综合利用率是用来衡量工业污染物排放的常用指标，《中国环境年鉴》的环境统计表中系统地收集了相关数据，故本节研究将直接使用相关数据作为原始数据来测算"工业三废"排放综合达标率。因变量测算涉及的四项研究数据来源于《中国环境年鉴》（2008—2016 年），上述各项数据包括统计年鉴中涉及的中国大陆30 个省级行政单位（由于西藏自治区常年缺乏各项环境统计数据，故本书在后续统计分析中将其剔除）。

4.3.2.3　自变量

本节研究自变量的选取将根据研究假设的三个维度进行。将会从省份是否制定和颁布含有具体内容且被相关部门重视的省级排污费征收政策，省份是否愿意为地方环境整治投入更多的资源和力量，且能够拥有更大的财政权力来征收排污费，以及地方民众是否对于环境保护有较强诉求三个方面来选择和解释本节研究涉及的自变量。

4.3.2.3.1　是否制定和颁布具体的排污费征收政策

是否制定和颁布具体的省级排污费征收政策对于污染物排放达标率和省级环境绩效有着最为直接的影响。作为控制污染物排放最为直接和有效的经济类环境综合治理政策，省级行政单位可以通过征收排污费的形式控制企业的利润和市场行为，利用经济手段刺激企业控制污染物排放以节省成本获取更大的经济利益。虽然中央早在 20 世纪 90 年代就尝试颁布和推广排污费征收政策，但是在相当长的一段时间内，排污费征收政策的内容都较为笼统，排污费征收政策的强度和力度都由省级政府和环境保护部门自行控制（王玉民，2015）。有的省份对排污费征收控制较紧而有的省份则控制较松。因此，本节研究假设制定和颁布包含具体内容的排污费征收政策的省级行政单位能够更加积极地应对污染物排放，拥有更好的环境绩效。

为了有效量化省级排污费征收政策，本节研究采用二元变量的形式来定义一个省份在 2007 年至 2015 年的某一年份是否制定和颁布该项政策措施。在本书中，如果某一省级行政单位在某一年份尚未制定和颁布具体的排污费征收政策，则被定义为 0，而颁布有具体内容的省级排污费征收政策的省份在相应年份则被定义为 1。所有关于一个省份是否制定和颁布拥有具体内容的省级排污费征收政策的资料数据均来自各省、自治区、直辖市环保部门的官方网站。

4.3.2.3.2　是否修订和升级排污费征收政策

中央政府建议出台省级排污费征收政策的时间较早，部分省份的排污费征收政策也拥有数十年的历史。为了保证排污费征收能够顺应经济和社会发展的潮流，切实实现保护环境、减少污染物排放的目标，国务院在 2003 年出台了《排污费征收管理办法（修订稿）》并号召各省级行政单位根据国务院修订的管理办法重新调整和升级本省份的排污费征收政策。

由于国务院只是对省级行政单位提出倡议而非强制要求省级行政单位修订原有的排污费征收政策，所以只有部分省份响应中央的号召进行了排污费征收政策的修订，而部分省份则出于自身经济利益的考虑和各种顾忌而并未及时修订和升级省级排污费征收政策。

由于国务院 2003 年修订的《排污费征收管理办法》比原有版本更多地考虑到环境领域特别是污染物排放领域出现的新问题和新情况，所以可以认定对原有排污费征收政策进行修订和升级的省级行政单位比其他省级行政单位拥有更高的污染物排放达标率和更好的省级环境绩效。本指标依然采用二元变量的形式进行测度。如果一个省级行政单位在 2007 年至 2015 年根据国务院在 2003 年修订的《排污费征收管理办法》对本省份排污费征收管理办法进行了修订，则被定义为 1，若没有进行相关的修订和升级或只是简单地转发国务院新修订的《排污费征收管理办法》则被定义为 0。相关数据和资料来自各省、自治区、直辖市环保部门的官方网站。

4.3.2.3.3 国家重点监控污染企业数量

一个省级行政单位拥有的国家重点监控企业数量不仅可以反映出该省份工业发展的水平和污染物排放的情况，也可以反映出国家和省级行政单位对于该省份污染物排放的重视程度（Liu et al，2012）。国家重点监控污染企业数量能够从侧面间接反映出省级排污费征收政策对于污染物排放达标率和省级环境绩效的影响。一般认为，国家重点监控污染企业数量体现的是中央政府对于省级行政单位污染物排放的监督和控制。如果国家重点监控的企业数量较多，则说明中央政府对该省份的污染物排放治理越重视，省级行政单位会在省级排污费征收政策的制定和颁布上投入更多的精力以实现更好的环境绩效。自 2007 年至 2015 年的各省份国家重点监控污染企业数量的相关数据可以从环保部官方网站和《中国环境统计年鉴》中获得。

4.3.2.3.4 环境支出占比

环境支出占省级行政单位的财政总支出比例可以直接反映省级行政单位在环境综合治理和污染防控方面的投入力度。一般认为，如果省级行政单位在环境支出上投入的力度越大，则排污费征收政策的制定和颁布就会更精细，污染物控制和排放的达标率就越高，省级环境绩效就会越好（石磊，马士国，2006）。某一年份省级环境支出占比的衡量可以用省级政府的年度环境支出金额/省级政府的年度公共财政（总）支出来表示。《中国统计年鉴》提供了自 2007 年至 2015 年的省级政府环境支出金额和公共财政（总）支出金额。

4.3.2.3.5 财政分权程度

由于升级排污费征收政策的本质是更好地采用经济手段来控制污染物排放、解决环境问题、提升环境绩效，所以可以认为如果一个省份拥有更大的财政自主权，则其就拥有更大的权力来制定和颁布符合本省份实际的排污费征收政策，能够更好地利用经济手段来控制环境污染。而衡量一个省份财政自主权的重要指标就是财政分权程度。根据相关学者的研究和讨论，省级行政单位的财政分权程度可以用各省级行政单位预算内本级（本省）财政支出/中央预算内本级行政单位（本省）的财政支出来表示（王志刚，龚六堂，2009）。关于各省级行政单位预算内本级（本省）的财政支出和中央预算内本级行政单位（本省）的财政支出的数据均可以在《中国统计年鉴》中获得。

4.3.2.3.6 群众来信来访批次

大部分的群众对环保部门的来信来访反映的都是企业违规排污和破坏环境的行为（王华，郭红燕，2015）。因此，群众对地方环保部门的来信来访数量可以反映出群众对环境保护的诉求和对企业排污行为的抵制程度。如果群众的来信来访较多，则说明群众较为关注环境问题和污染物排放。群众的诉求会对政府有关部门形成压力，推动地方政府和环保部门投入更多的精力来应对企业的污染物排放问题。所以，可以认为群众的环境来信来访批次与污染物排放达标率和省级环境绩效存在着正相关。群众的来信来访越多，政府环境综合治理的意愿和投入力度就越大，省级排污费征收政策的制定和修订就会更多地考虑到群众的利益。而相应的污染物排放达标率就会更高，省级环境绩效就应该更好。本书中的群众环境来信来访批次数据来自《中国环境年鉴》（2008—2016年）。

4.3.2.4 控制变量

本节研究的解释变量还包括年末人口数量，人均受教育年限，人均GDP 和第二产业 GDP 占省份总 GDP 比重四个控制变量。这些控制变量可以用于辅助分析省级排污费征收政策对省级环境绩效的影响。具体的变量设置与选择原因如下：

4.3.2.4.1 年末人口数量

人口数量会对于污染物排放造成重大影响。一方面，人口数量众多意味着省级行政单位需要更多的考虑就业问题和经济发展问题，需要将大量人口纳入工业体系当中。这样的情况会强化省级行政单位对于工业发展的追求，减轻省级行政单位对于工业污染物排放的控制，弱化排污费征收政策的实际效果。另一方面，众多的人口给省级行政单位带来巨大的环境压力，产生更多的污染物，影响工业污染物排放的达标率（王丽珂，2016）。但是，根据 4.2 省级固体废弃物处置和综合利用政策的相关论述，人口数量和压力对于省级行政单位而言也意味着机遇。如果省级行政单位能够把握好机遇，及时更新和升级省级排污费征收政策，加大对于污染物排放的治理力度，则人口数量与污染物排放达标率也可能呈现出正相关的关系。各省份每年年末的人口数量数据可以在《中国统计年鉴》中获得。

4.3.2.4.2 人均受教育年限

受教育水平的高低也会影响企业主的污染物排放行为进而影响污染物排放的达标率和省级环境绩效。一般认为，如果企业主的受教育程度越高，则具有的环保意识就会越强，在企业发展中就会投入更多的资金和精力应对污染物排放问题，其所在企业的污染物排放达标率就会越高（Hanifzadeh et al，2017）。而受教育程度与受教育年限是呈现显著正相关的，即受教育年限越长的人，其受教育水平就越高。因此，在本节研究中就可以假设，如果一个省份的人均受教育年限越长，则该省企业主的平均受教育水平就会越高，其环保意识就会更强，所在省份的污染物排放达标率就会越高，而省级环境绩效就会越好。本节研究使用人均受教育年限来衡量一个省级行政单位的平均受教育水平。本项数据来源于《中国统计年鉴》（2008—2016 年）。

4.3.2.4.3　人均 GDP

根据环境库兹涅茨曲线的相关理论，经济发展水平与环境水平呈现出 U 形关系。在一个国家或者地区经济发展的初期，经济发展与环境绩效之间呈现出负相关，即经济发展会加剧环境污染。而在人均 GDP 达到或者接近 1 万美元时，两者的关系就会出现拐点。在随后的发展过程中，经济发展与环境绩效之间呈现出正相关关系，环境绩效会随着经济发展水平的提升而不断改善（Ezeah and Roberts，2012）。而人均国内生产总值（GDP）是当前衡量经济发展水平最重要的方式之一。通过对 2007 年至 2015 年各省份人均 GDP 的衡量，可以判断出这一时间段内各省份经济发展水平与环境绩效的关系，从而为判断省级排污费征收政策对于省级环境绩效的真实影响提供参考依据。本节研究将使用各省级行政单位当年的 GDP 总量/各省级行政单位的年末人口总量来衡量省级行政单位当年的人均 GDP。各省级行政单位人均 GDP 的数据来自《中国统计年鉴》（2008—2016 年）。

4.3.2.4.4　第二产业 GDP 占省份总 GDP 比重

第二产业即工业 GDP 占省份总 GDP 的比重可以反映出工业在该省份经济发展中的地位。如果第二产业 GDP 在全省经济中所占的比重较大，则说明该省份较为依赖工业促进经济发展。在这样的省份里，一方面会由于工业较为发达而排放大量的工业污染物；另一方面，省级政府为了促进和提振经济会制定和颁布较弱的省级排污费征收政策以鼓励工业企业的发展（钟茂初，张学刚，2010）。因此，在传统的发展模式中，可以认为第二产业 GDP 占全省总 GDP 的比重与污染物排放达标率成反比，第二产业 GDP 会对污染物排放达标率和省级环境绩效产生负面影响。第二产业 GDP 占省份总 GDP 比重的数据可以直接从 2008—2016 年的《中国统计年鉴》中获得。

4.3.3　数据与模型

面板数据分析的模型并不像普通的多元线性回归模型是确定的，而是需要经过多重检测才能最终确定。所以本部分内容将先描述研究涉及的各项数据来源并展示各变量的描述性统计，随后将进行多重检验以最终确定面板数据分析所需的模型。

4.3.3.1　数据来源与变量描述性统计

本节研究将探索 2007 年至 2015 年的省级排污费征收政策对于"工业三废"排放综合达标率的影响。从 2007 年至 2015 年共 9 年的连续数据可以系统地反映出"十一五"计划（2006—2010 年）和"十二五"计划（2011—2015 年）期间省级排污费征收政策的作用趋势及其对省级环境绩效的作用效果。由于本节研究涉及的部分指标从 2007 年才开始进行统计，所以本节研究将 2007 年选做研究的起始年份以保证研究的严谨性和准确性。因为本节研究采用的是面板数据模型，反映的是一个时间段内的变化趋势，所以从 2007 年的数据开始进行研究对于整体研究效果的影响不大。

本节研究使用的数据和资料有不同的来源。本书的因变量和部分控制变量来自《中国环境年鉴》（2008—2016 年）。本节的两个主要自变量——是否制定和颁布具体的排污费征收政策和是否修订和升级排污费征收政策则来自各省、自治区、直辖市环保部门官方网站。自变量国家重点监控污染企业数量来自环保部官方网站和《中国环境统计年鉴》（2008—2016 年）。本节研究中的其他自变量和所有控制变量来自《中国统计年鉴》（2008—2016 年）。由于面板数据分析需要连续的长时间周期数据，本节研究从统计年鉴和各省、自治区、直辖市环保部门官方网站获取的数据均是从 2007—2015 年的连续数据。由于西藏自治区长期缺乏环境统计的相关数据，故在进行后续分析时将其剔除。

　　本节研究中涉及的详细变量，测度情况和数据源可以在表 4-7 中找到。此外，表 4-8 是各项数据的描述性统计。

表 4-7　　　　　　　　　　　变量、测度与数据来源

变量	测度	变量类型	数据源
"工业三废"排放综合达标率	工业废水排放达标率、工业 SO_2 排放达标率、工业粉尘排放达标率与工业固体废弃物处置和综合利用率的等值加权结果（%）	因变量	中国环境年鉴 2008—2016
具体的排污费征收政策	各省份是否拥有具体的、包含细节内容的排污费征收政策（0，1）	主自变量	各省、自治区、直辖市环保部门官方网站
修订和升级排污费征收政策	各省份是否根据国务院 2003 年出台的《排污费征收管理办法（修订稿）》重新调整和升级本省份的排污费征收政策（0，1）	主自变量	各省、自治区、直辖市环保部门官方网站
国家重点监控污染企业数量	国家在每个省级行政单位重点监控的涉污企业数量（个）	自变量	环保部官方网站、中国环境统计年鉴 2008—2016
环境支出占比	环境支出占省级行政单位的财政总支出比例（%）	自变量	中国统计年鉴 2008—2016
财政分权程度	各省级行政单位预算内本级行政单位财政支出/中央预算内本级行政单位财政支出（%）	自变量	中国统计年鉴 2008—2016

变量	测度	变量类型	数据源
群众来信来访批次	群众对省级环保部门的来信来访数量（次）	自变量	中国环境年鉴2008—2016
年末人口数量	每年年末省级行政单位的人口数量（万人）	控制变量	中国统计年鉴2008—2016
人均受教育年限	全省人口的平均受教育年限（年）	控制变量	中国统计年鉴2008—2016
人均GDP	人均国民生产总值（元/人民币）	控制变量	中国统计年鉴2008—2016
第二产业GDP占省份总GDP比重	第二产业GDP/省份总GDP（%）	控制变量	中国统计年鉴2008—2016

资料来源：根据《中国环境年鉴》（2008—2016 年）、《中国统计年鉴》（2008—2016 年）和各省、自治区、直辖市环保部门官方网站由笔者自制。

表4-8 **变量的描述性统计**

变量	观测值	平均值	标准差	最小值	最大值
"工业三废"排放综合达标率	270	79.32148	10.45159	38.225	99.625
具体的排污费征收政策	270	0.988889	0.105017	0	1
修订和升级排污费征收政策	270	0.711111	0.454088	0	1
国家重点监控污染企业数量	270	364.5296	261.1433	22	1278
环境支出占比	270	0.03006	0.0109	0.0085	0.067274
财政分权程度	270	0.166163	0.0912	0.0212	0.7265
群众来信来访批次	270	11775.65	15858.38	52	117933
年末人口数量	270	4449.691	2666.543	552	10849

变量	观测值	平均值	标准差	最小值	最大值
人均受教育年限	270	8.732807	0.9694	5.479	12.081
人均 GDP	270	38896.43	21551.49	7273	107960
第二产业 GDP 占省份总GDP 比重	270	47.74646	7.9062	19.7	61.5

资料来源：根据《中国环境年鉴》（2008—2016 年）、《中国统计年鉴》（2008—2016 年）和各省、自治区、直辖市环保部门官方网站由笔者自制。

4.3.3.2 研究模型

由于本节内容研究的是连续时间段内省级排污费征收政策对于省级环境绩效的影响，因而涉及多个省份在不同时间截面上的政策颁布情况和其他多项数据。因此，拟采用 Stata13.0 对各项数据进行面板数据模型分析。但是根据前人的研究经验可以发现，但凡研究涉及经济发展和环境问题的省级面板数据，都必须要考虑到不同观测横截面的依赖性特征，即观测值横截面的部分变量之间并不是完全独立的（章泉，2009；孙建军，宋军发，2012；郑石明等，2015）。

各个省份在地理位置上的依赖性，类似政策的模仿性和传播性以及相互竞争与合作的关系等不可忽视的因素都会导致各观测值之间产生相互联系而存在自相关性（章泉，2009）。所以，此类数据不能够简单地应用截面分析和一般的固定效应模型进行分析。虽然在回归分析中忽略这种横截面的依赖性特征依旧可以获得分析结果，但是这样会严重降低研究的信度和效度（孙建军，宋军发，2012）。因此，本节研究在确定面板数据分析使用的模型时，除了常规性的检验之外，还会着重考察观测值横截面数据的自相关问题。

为了保证面板数据分析使用的模型最大限度贴近真实状况，本节研究在进行回归分析之前将分别进行 F 检验、异方差检验和自相关检验等三项检验来最终确定使用的模型类型。首先，对数据进行 F 检验。检验结果显示拒绝混合模型，故确定研究使用个体固定效应模型。但是如上所述，本书涉及的数据较多，且观测值横截面的数据可能存在自相关，因此在完成 F 检验之后，本书还使用了 Modified Wald 检验来判定组间的方差齐性。检验结果显示拒绝方差齐性，数据存在异方差性。最后，本书使用 Wooldridge 检验来验证数据的自相关性。检验结果显示，所选用的数据模型存在自相关性（参见表 4-9）。所以，本书所使用的数据和大部分研究经济和环境问题的省级面板数据模型一样，不能够采用一般的固定效应模型和随机效应模型。

表 4-9　　　　　　　　　面板数据模型的检验及结论

检验模型	Y	检验结论
F 检验	14. 26 （Prob = 0. 0000）	拒绝混合模型
Modified Wald 检验	323. 270 （Prob = 0. 0000）	拒绝方差齐性
Wooldridge 检验	6. 57 （Prob = 0. 0000）	拒绝自不相关

资料来源：根据《中国环境年鉴》（2008—2016 年）、《中国统计年鉴》（2008—2016 年）和各省、自治区、直辖市环保部门官方网站由笔者自制。

考虑到本节研究使用的数据具有横截面依赖性，而依赖性和自相关的产生可能是由于某些不可观测的共同因素，故本书拟采用 Dricoll-Kraay 模型来调整横截面数据的个体自相关，有效预防此类数据在一般固定效应模型中可能存在的估值失真情况。Dricoll-Kraay 模型可以通过构建协方差矩阵估值，能够修正和调整异方差、自相关的数据中存在的时间和个体效应的系数的标准差。该模型对任何横截面依赖性都能保持稳健，可以控制数据模型自相关和异方差的不利影响，得到一致且有效的研究结果。

本节研究使用的 Dricoll-Kraay 标准差固定效应模型用方程可以表述为：

$$Y_{it} = \alpha_i + \beta_1 X_{1it} + \beta_2 X_{2it} + \delta_{it}$$

在上述方程中，下标 i 代表不同的省级行政单位，即上文论述中的横截面个体；而 t 则代表参与观测的不同的时间（年份，2007—2015）。此外，在方程中，Y_{it} 是因变量，即各省级市行政单位的"工业三废"排放综合达标率。X_{1it} 是自变量矩阵，包括是否制定和颁布具体的排污费征收政策、是否修订和升级排污费征收政策、国家重点监控污染企业数量、环境支出占比、财政分权程度和群众来信来访批次等 6 个自变量，X_{2it} 是控制变量矩阵，包括年末人口数量、人均受教育年限、人均 GDP 和第二产业 GDP 占省份总 GDP 比重等 4 个控制变量。α_i 在 Dricoll-Kraay 标准差固定效应模型中表示常数项而 δ_{it} 表示模型中的残差项。β_1、β_2 则分别表示自变量矩阵和控制变量矩阵的待定系数。

4.3.4　分析结果与讨论

依据 Dricoll-Kraay 标准差固定效应模型，本书对各项数据进行了回归分析来检测省级排污费征收政策对"工业三废"排放综合达标率的影响，具体的分析结果如表 4-10 所示。

表 4-10　　　省级排污费征收政策面板数据模型分析结果

自变量	Coefficient	Standard Errors
具体的排污费征收政策	0.1362	0.07057
修订和升级排污费征收政策	3.8004***	1.769044
国家重点监控污染企业数量	0.000133*	0.00001
环境支出占比	0.3201**	0.15844
财政分权程度	0.00042	0.00014

自变量	Coefficient	Standard Errors
群众来信来访批次	0.000115	0.00003
年末人口数量	−0.0077	0.00401
人均受教育年限	1.8967*	0.99305
人均 GDP	−0.00013	0.00005
第二产业 GDP 占省份总 GDP 比重	−0.41914*	0.12931
Constant	122.0573***	19.53054
Observation	270	
R-squared	0.3827	

注释: $*p<0.1$、$**p<0.05$、$***p<0.01$ 分别表示在 10%、5%和 1%的显著性水平下显著(单侧检验)。本书的因变量为"工业三废"排放综合达标率。

资料来源:根据《中国环境年鉴》(2008—2016 年)、《中国统计年鉴》(2008—2016 年)和各省、自治区、直辖市环保部门官方网站由笔者自制。

由于本节研究涉及的研究时间较长,横截面数量和各种变量较多,为了确保研究整体的有效性,故在考虑统计显著性水平时,仅考虑显著性水平为 10%、5%和 1%的情况,不再如 4.2 中考虑显著性水平为 0.1%的情况。

本模型 R-squared 拟合的拟合优度接近 40%的水平,在可接受的范围内。通过单侧检验,模型分析的结果显示,模型整体在 1%的置信水平下高度显著,研究是有效的。本节研究中涉及的大部分重要变量在 10%,5%,1%的显著性水平下显著。但是研究结果也显示,一部分自变量和控制变量在本模型中并没有表现出统计显著性,这可能是由于多种因素导致的,后文会对此进行具体的分析。以下分析内容将提供具体的研究结果解释。

4.3.4.1 具体的省级排污费征收政策与政策修订和升级

根据模型分析的结果可以发现,一个省份是否制定和颁布具体的省级排污费征收政策虽然会对"工业三废"排放综合达标率产生些许影响，但是并不具有统计显著性。而一个省份是否根据国务院在 2003 年修订的《排污费征收管理办法》修订和升级本省份的排污费征收政策则会对"工业三废"的排放达标率造成重要影响，两者在 1% 的置信水平上呈现高度正相关。根据统计分析的结果，在 2007 年至 2015 年，如果一个省份根据国务院的倡议修订和升级自己的排污费征收政策，在控制其他因素不变的情况下，该省份的"工业三废"排放综合达标率平均增幅达 3.8%。

是否制定和颁布具体的省级排污费征收政策未表现统计显著性而修订和升级排污费征收政策体现高度显著性可以由省级排污费征收政策自身的发展特点来解释。如前文所述，排污费征收政策已经在诸多省份实施多年，利用经济手段来治理环境问题的政策缺陷和漏洞已被寻租官员和涉污企业较好地掌握。因此，是否拥有具体的排污费征收政策对于"工业三废"排放的达标率已经难以造成直接的影响（崔亚飞，刘小川，2010）。但是，国务院的修订倡议指出了原有省级排污费征收政策中的不足和漏洞，提升了其政策效果（冯涛，陈华，2009）。如果省级行政单位响应国务院的号召根据自身的情况查漏补缺，修订和升级排污费征收政策，就可以使得该政策更加具体和完善，重新发挥其应有的作用。

总体而言，作为最重要的经济类环境综合治理政策，早先的省级排污费征收政策存在较多政策漏洞，已经难以实现环境监督和治理的作用。但是在国务院的倡议和指导下，各省级行政单位修订和升级本省份的排污费征收政策还是能够带来积极效果的。修订和升级省级排污费征收政策能够加大排污费征收的力度，有效控制企业的排污行为，控制污染物排放达标率，提升省级环境绩效。

4.3.4.2 国家重点监控污染企业数量

从统计分析的结果可以看出，国家重点监控污染企业数量与"工业三废"排放综合达标率在 10% 的置信水平上呈现正相关，但是两者的相关系数（0.000133）显示两者的关联较弱，结合相关文献和笔者进行的访谈可以对这个问题进行较好的回答。国家重点监控的污染企业是污染物排放的重点企业，也制造了大量的污染物，虽然国家和省级行政单位对这些企业的监控确实起到了控制污染物排放和保护环境的效果，但是一个省份整体的"工业三废"排放综合达标率和省级环境绩效依然会受到其他未被监控的污染企业的影响，特别是中小违排企业的影响（石昶，陈荣，2012）。这些企业的违规排污行为会弱化国家和省份对于重点污染企业监控取得的积极的效果，使得国家重点监控污染企业数量与"工业三废"排放综合达标率之间的关系较弱。因此，虽然国家和省份对于重点污染企业的监控取得了一定的积极效果，但是也需要对未纳入监控体系的中小企业进行更多的监控，加大管理力度，利用排污费征收政策来控制这些企业的排污行为，使污染物排放达标率保持在较高的水平。

4.3.4.3　环境支出占比和财政分权程度

环境支出占比和财政分权程度两项指标反映的都是一个省份对于环境问题的投入意愿与重视程度。从统计分析的结果可以看出，环境支出占比与"工业三废"排放综合达标率在 5% 的置信水平上呈现正相关，且环境支出占比每增加 1%，则"工业三废"排放综合达标率会提升 0.3201%。这说明省级政府对于控制污染物排放的投入能够显著提升污染物排放达标率和省级环境绩效。省级政府在环境支出上投入得越多，则污染物排放达标率越高，省级环境绩效越好。

但是另一项指标财政分权程度则并没有表现出统计显著性。究其原因，是因为虽然财政分权程度越高意味着省级和地市级行政单位拥有更大的自主权来制定相关政策并征收排污费，但是财政分权程度会受到诸多因素的影响，财政分权程度与"工业三废"排放综合达标率的直接联系还是过弱，故未能在分析中体现统计显著性（王志刚，龚六堂，

2009）。但是通过与地方环保部门官员的访谈可以发现，财政分权程度对于排污费征收和污染物排放达标率确实具有不可忽视的影响，省级政府和地市级政府需要一定的财政自主权来有效应对排污费征收问题，不能因为其不具有统计显著性而直接忽略。

4.3.4.4 群众来信来访批次

群众对环保部门的来信来访批次这一变量表现的是群众对于环境问题的诉求和对污染物排放的抵制态度。但是根据统计分析结果可以发现，群众来信来访批次对于"工业三废"排放综合达标率的影响十分微弱（0.000115）且不存在统计显著性，这与预计假设不符。究其原因，虽然群众对环境质量有较高的诉求，也在不断抵制企业的排污行为，但是由于群众在排污费征收的利益博弈中始终处于弱势地位，因此其意愿无法被转化成为实际的效果（王华，郭红燕，2015）。在排污费征收的博弈中，政府和企业作为强势方，主导了排污费征收政策的制定和执行。虽然群众拥有直接的利益，但是不具有任何话语权，也缺乏制约政府和企业的有效手段，无法采用强力手段维护自身利益，只能被迫接受政府和企业的利益妥协结果（石昶，陈荣，2012）。所以，群众在环保部门的来信来访批次并未对"工业三废"排放综合达标率产生显著的影响。

4.3.4.5 控制变量

本节研究的四个控制变量中，年末人口数量与人均 GDP 两个变量在模型中并未表现出统计显著性。关于这两个变量的相关分析已在 4.2 中论述，此处不再进行分析。但是人均受教育年限和第二产业 GDP 占省份总 GDP 比重与"工业三废"排放综合达标率在 10% 的置信水平上呈现统计显著性。在控制其他因素不变的情况下，人均受教育年限每增长 1 个单位，则"工业三废"排放综合达标率会提升 1.8967 个单位；当第二产业 GDP 占省份总 GDP 比重每增加 1% 时，"工业三废"排放综合达标率会下降 0.41914%。

通过统计分析的结果可以看出，受教育年限对于污染物排放的达标率会产生显著的积极的效果。受教育年限越长，群众特别是企业主拥有的环保知识就越多，环保意识就会越强，就更有可能采取积极的措施来应对污染物排放问题，兼顾环境效益与经济效益，提高污染物排放达标率（Hanifzadeh et al，2017）。

而第二产业 GDP 占省份总 GDP 比重的分析结果也与预计基本一致，即工业越发达的省份（第二产业 GDP 占比越高）"工业三废"排放综合达标率越低，省级环境绩效越差。这也印证了当前我国仍处于环境库兹涅茨曲线理论描述的经济发展前期，经济发展与环境绩效成反比（Ezeah and Roberts，2012）。虽然我国在努力摆脱边发展边污染的困境，但是会排放污染物的工业行业仍然是国家经济发展的重要支柱之一，政府和社会都难以真正舍弃这些行业（钟茂初，张学刚，2010）。唯有当我国真正处于经济发展的高级阶段，全面实现了产业转型和绿色发展，第二产业 GDP 才能够有效推动省级环境绩效的提升。

4.3.5 研究小结

省级排污费征收政策历经了多年的发展和演变，对于控制企业污染排放，保护生态环境起到了积极的作用。其采用经济手段治理环境问题的办法改变了传统环境综合治理政策单纯依靠行政命令保护环境的方式，不仅拓宽了环境综合治理的方式方法，也强化了环境综合治理的效果，有效提升了环境绩效。

面板数据分析的结果显示，相较于省级固体废弃物回收利用政策而言，省级排污费征收政策的相关数据在统计学层面获得了更好的结论。本节研究中的大部分研究假设都获得了验证，省级排污费征收政策特别是按照国务院在 2003 年修订的《排污费征收管理办法》进行修订和升级后的省级排污费征收政策对于提升"工业三废"排放综合达标率具有显著效果。省级政府在环境综合治理领域的资金投入以及国家和省级政府对于污染物排放企业的重视也能够明显提升污染物排放的达标水平。因此，通过本节研究可以发现，经济类环境综合治理政策能够比一般性环境综合治理政策取得更好的治理效果。

但是，以省级排污费征收政策为代表的经济类环境综合治理政策也存在着不少问题，影响了其作用效果。首先，从是否制定和颁布具体的省级排污费征收政策与修订和升级省级排污费征收政策这两项指标可以看出，由于颁布时间较长，政策漏洞较多，省级排污费征收政策在未修订的状态下已经沦为寻租和逃避缴费的工具，难以实现其环境综合治理目标。唯有对排污费征收政策进行升级和调整，修补政策漏洞，使之契合社会经济发展的现状，才能够确保省级排污费征收政策和其他经济类环境综合治理政策避免官员寻租和官商博弈，真正实现提升污染物排放达标率和有效治理环境的目标。其次，通过本节研究的面板数据模型分析可以发现，我国的社会经济仍然处于发展阶段，无论是产业结构还是政府对待民众环境反馈的态度都有待提升。当前在环境综合治理和污染物排放领域存在着广泛的博弈，这种博弈的基础仍然是现实的经济利益。虽然经济类环境综合治理政策能够在一定程度上扭转这样的局面，但是环境领域的博弈已经延伸至排污费征收政策以外的多个方面，这种情况值得引起政策制定者和执行者的重视。最后，结合笔者对地方环境官员的访谈和面板数据分析的结果可以发现，虽然一些因素在本节的数据模型中和统计学意义上不具有统计显著性，但是在现实中却能够真实地影响排污费征收政策的效果，对于污染物排放达标率和省级环境绩效造成影响。因此，在进行后续研究时，不仅需要考虑定量分析的相关结论，也需要结合实际从现实入手。

4.4 强制性环境责任政策分析

4.4.1 引文

随着近年来党和政府加大了对于环境保护的重视程度和环境综合治理力度，一般性环境综合治理政策和经济类环境综合治理政策已经难以满足快速提升环境绩效的迫切要求。为了在短时间内提升环境绩效，改善环境质量，尽快实现可持续发展的目标，国家出台了一系列强制性环境责任政策，并要求将相关政策落实到省级和地市级层面。政府希望通过将环保目标责任细化，采用问责等强制手段来实现快速提升环境绩效的目的。

具有强制性和量化评分细则的省级环保目标责任制就是在这样的背景下进入公众视野的。虽然我国的环保目标责任制早在 20 世纪 70 年代就已经被提出，但是在 20 世纪八九十年代经济和工业发展的宏观背景下并没有得到足够的关注和重视，也并没有落到实处（Qi et al, 2008）。但是自"十一五"计划开始，环境绩效开始逐步成为衡量可持续发展的关键指标之一，各级政府也开始将环境绩效作为与经济发展水平相并列的重要指标纳入政府官员的政绩考评体系当中，实行官员选拔的环境保护一票否决制。自此，拥有严格奖惩措施和具体量化评分细则的强制性环保目标责任制开始成为了学界和政界关注的焦点（Kostka, 2013）。

相较于其他环境综合治理政策而言，强制性省级环保目标责任制制定和颁布的时间仍然较短，所以当前国内外学界也缺乏对于强制性省级环保目标责任制的相关研究。目前学界对于省级环保目标责任制是否能够有效调控官员行为，限制官员环境寻租，改善环境质量，提升省级环境绩效并没有明确的结论（Gao et al, 2015）。因此，需要较为精准和客观的研究来判断省级环保目标责任制对于省级环境绩效的影响。只有这样才能找出强制性环境责任政策的真实效果，为政策制定和决策参考提供依据。

为了确保研究能够深入考察省级环保目标责任制的真实效果与作用，本节研究将继续采用面板数据模型的方式考察 2007 年至 2015 年省级环保目标责任制与省级环境绩效间的关系。但是由于当前学界并没有任何通过面板数据定量研究省级环保目标责任制的先例和权威论文可以借鉴，本节研究将借鉴 4.3 采用面板数据模型研究省级排污费征收政策的方式来研究省级环保目标责任制。这样的研究方式一方面为开展全新的省级环保目标责任制研究提供成熟、科学、规范的研究范式，防止全面创新可能导致的方法失当和其他研究错误；另一方面，采用相似的研究方法和研究数据可以比较经济类环境综合治理政策和强制性环境责任政策的异同与优缺点，为决策者修订政策提供理论指导。

鉴于本节研究将仿照 4.3 的研究开展面板数据模型分析，所使用的研究方法、变量选取和研究数据等方面内容会与前文存在一定的相似性。故在前文中已经出现过并做过详细说明和解释的研究方法、变量选取和研究数据等内容将不再在本节过多赘述。

4.4.2 研究变量的选择及设置

4.4.2.1 研究假设

国家和省级政府制定和颁布省级环保目标责任制的目的是为了弥补一般性环境综合治理政策和经济类环境综合治理政策的漏洞和不足，实现快速提升省级环境绩效的目标。因此，本节研究最重要的研究假设就是制定和颁布拥有量化评分细则的强制性省级环保目标责任制能够有效提升省级环境绩效，即颁布拥有量化评分细则的省级环保目标责任制与省级环境绩效呈现统计意义上的正相关。

为了确保环保目标责任制能够契合我国社会经济的发展水平，实现快速提升环境绩效的目标，避免出现类似省级排污费征收政策修订前存在的政策漏洞和寻租空间，国务院和环保部还鼓励各省级行政单位根据自身经济与环境发展状况不断地调整和修订省级环保目标责任制。从"十一五"计划算起，虽然强制性的省级环保目标责任制颁布仅有 10 年时间，但是部分省份已根据本省份的实际状况对其进行多次修订（王丽珂，2016）。可以预计，修订次数越多的省级环保目标责任制越能契合社会经济发展水平，能够更好地修补潜在的政策漏洞并履行环境监督和治理的职能，能够更为有效地提升省级环境绩效。

此外，由于环保目标责任制与主政领导的升迁直接挂钩，因此省级环保目标责任制能够较好地体现省级行政单位对环境问题的重视程度。可以预测，能够体现省级政府对于环境问题重视程度和投资力度的指标与省级环境绩效成正比。本节研究还认为，环保目标责任制会给执政官员带来强大的环境综合治理压力，这可以被看成为是释放给群众的积极信号（徐鲲等，2016）。所以可以认为新制定和颁布的、拥有量化评分细则的强制性省级环保目标责任制比一般性环境综合治理政策和经济类环境综合治理政策能更好地鼓励群众参与到环境监督和环境保护的行动中。而群众的环境诉求在环保目标责任制的政策环境下可以获得更多的重视，能够有效推动省级环境绩效的提升。

4.4.2.2　因变量

省级环保目标责任制主要衡量的是地方官员环境保护和环境综合治理的成效。作为当前环境污染的主体，污染企业的排污行为特别是违法违规排污造成了严重的环境污染问题，给大气、水体和生态环境造成了严重破坏。相较于生态破坏和雾霾等多源头的复杂环境问题而言，企业的污染物排放可以在较短时间内被主政官员有效监管和控制，从而实现省级环境绩效的提升（唐啸等，2016）。因此，为了兑现环保目标责任制，在短期范围内提升省级环境绩效，当前行政官员治理环境的重点在于控制企业的污染物排放行为，提升企业污染物排放的达标率。

鉴于此，本节研究将依然选取"工业三废"排放综合达标率作为研究的因变量。"工业三废"排放综合达标率的测算将沿用 4.3 中的方式将工业废水排放达标率、工业二氧化硫排放达标率、工业粉尘排放达标率和工业固体废弃物处置和综合利用率进行等值加权处理以获得用以综合衡量"工业三废"排放和利用情况的指标。本节研究涉及的用于计算"工业三废"排放综合达标率的工业废水排放达标率、工业二氧化硫排放达标率、工业粉尘排放达标率和工业固体废弃物处置和综合利用率四项研究数据（除西藏自治区之外中国大陆的 30 个省级行政单位的数据）均来源于《中国环境年鉴》（2008—2016 年）。

4.4.2.3　自变量

本节研究自变量的选取将重点考虑省份是否制定和颁布拥有量化评分细则的强制性省级环保目标责任制，是否对省级环保目标责任制进行了修订和升级。此外，用于衡量省级行政单位对环境综合治理重视程度的指标和衡量群众对于环境问题诉求的指标也将被纳入自变量的选取中。

4.4.2.3.1　是否制定和颁布拥有量化评分细则的环保目标责任制

是否制定和颁布拥有量化评分细则的强制性环保目标责任制是衡量环保目标责任制对省级环境绩效影响的核心指标。与一般性环境综合治理政策和经济类环境综合治理政策不同，制定和颁布拥有量化评分细则的强制性环保目标责任制本身就具有重要的意义。该政策的颁布能够从制度层面和精神层面给主政官员施加压力，促使其关注环境问题，提升环境绩效。因此，是否制定和颁布拥有量化评分细则的强制性环保目标责任制就显得尤为重要（齐晔，2014）。制定和颁布拥有量化评分细则的强制性环保目标责任制被认为能够有效提升省级环境绩效。

本节研究采用二元变量的形式来定义省级行政单位是否制定和颁布拥有量化评分细则的省级环保目标责任制。如果一个省级行政单位从某一年开始颁布拥有量化评分细则的环保目标责任制，则该省份在这一年和随后的年份被定义为 1，该省份未颁布拥有量化评分细则的环保目标责任制的年份则被定义为 0。各省、自治区、直辖市环保部门的官方网站提供了环保目标责任制量化评分细则的各种资料数据。

4.4.2.3.2　是否修订和升级环保目标责任制

为了避免出现类似经济类环境综合治理政策存在的政策漏洞和寻租空间，拥有量化评分细则的强制性省级环保目标责任制在颁布之后就允许省级行政单位根据自身的情况自行修订和升级。对省级环保目标责任制的修订和升级有助于完善政策内容，修补政策漏洞，实现环保目标责任制设置的政策目标。这种有助于提升省级环境绩效的做法得到了一部分政府官员的支持和推广，但是也有一些政府官员依旧把本地经济发展和个人利益放置在首位而拒绝修订省级环保目标责任制。

政策修订和升级对于政策效果的影响是显而易见的（王兴伦，2005），所以可以认为，对环保目标责任制进行修订和升级有助于提升省级环境绩效，且修订和升级的次数越多，对于省级环境绩效的提升越大。因此，本节研究将各个省份未修订和升级环保目标责任制的年份定义为0，第一次修订的年份定义为1，第二次修订的年份定义为2，依次类推，环保目标责任制每修订1次，则数值加1。关于环保目标责任制修订和升级情况的相关数据和资料来自各省、自治区、直辖市环保部门的官方网站。

4.4.2.3.3　省级行政单位对环境综合治理的重视程度

省级环保目标责任制的约束对象是政府官员。而政府官员为了实现环保责任目标，提升省级环境绩效，必然将采取有效措施增加对于环境综合治理的重视程度。相较于经济类环境综合治理政策而言，环保目标责任制的适用范围更为广泛，可以采用的政策手段更加多元，政府官员可以采用包括经济手段和行政手段在内的多种方式体现其对环境综合治理的重视程度（张秋，2009）。政府官员对于环境综合治理的重视可以体现在政府的资金投入情况、人力投入情况和政策投入情况三个方面。因此考察省级行政单位对环境问题的重视程度将从这三个维度分别选取变量。

首先，本节研究沿用环境支出占省级行政单位的财政总支出比例这一因素来衡量政府对于环境综合治理的资金投入情况。本节研究认为，环境支出占省级行政单位财政总支出的比例越大，说明政府对于环境综合治理的资金投入越多，污染物排放达标率就会越高，而省级环境绩效就会越好。该项指标可以从《中国统计年鉴》（2008—2016年）中获得。

其次，本节研究将使用各省份环保机构总人数来考察省级行政单位对于环境综合治理的人力投入情况。环保机构的人员数量能够体现一个省份的环境综合治理的能力，也能够体现省份对于环境综合治理的重视程度（黄爱宝，2016）。一般认为，环保机构总人数越多（在本书中认为各省份环保机构人员的专业素质基本一致），省份进行环境综合治理的能力就越强，这代表省级行政单位对于环境综合治理就越重视，"工业三废"排放综合达标率就会越高，环保目标责任制就更容易实现。从 2007 年到 2015 年各省份环保机构总人数的数据来源于《中国环境年鉴》（2008—2016 年）。

再次，本节研究将使用各省份颁布的地方环境行政规章数量来考察省级行政单位对于环境综合治理的政策投入情况。环保目标责任制是提升省级环境绩效的总纲和动力。但是为了达到环保目标责任制设定的量化考评指标，省级政府官员还出台了一系列相应的地方环境行政规章来辅助环保目标责任制的实现（冉冉，2013）。因此可以认为，省级政府制定和颁布的地方环境行政规章越多，就说明政府官员对于环境综合治理越重视，"工业三废"排放综合达标率就越高。各省级行政单位颁布的地方环境行政规章数量可以从《中国环境年鉴》（2008—2016 年）中收集。

4.4.2.3.4 群众对于环境问题的诉求

本节研究将继续沿用群众对环保部门的来信来访数量来衡量群众对于环境保护的诉求和对于企业排污行为的抵制程度。由于省级环保目标责任制的政策目标比经济类环境综合治理政策的目标具有更强的强制力和时效性，政府官员为了快速实现政策目标而有更强的意愿去听取和遵循群众对于环境问题的诉求和反馈（李文钊，2015），所以可以认为，相较于在经济类环境综合治理政策中的情况而言，群众对环保部门的来信来访数量与"工业三废"排放达标率在环保目标责任制推行的情况下可以更好地关联，即群众对环保部门来信来访数量应与"工业三废"排放达标率可以较好地呈现正相关关系。本节研究中群众环境来信来访批次数据来自《中国环境年鉴》（2008—2016 年）。

4.4.2.4　控制变量

为了保证本节研究能有效仿照 4.3 的面板数据分析而不会出现模型偏差和数据失当，也为了省级环保目标责任制的研究结果可以与省级排污费征收政策的研究结果进行横向对比与分析，本节研究将继续使用年末人口数量，人均受教育年限，人均 GDP 和第二产业 GDP 占省份总 GDP 比重等四个控制变量用于辅助分析省级环保目标责任制对省级环境绩效的影响。由于本节具体的控制变量设置与选择和 4.3 相同，故在此不再赘述。关于控制变量的所有数据可以直接从 2008—2016 年的《中国统计年鉴》中获得。

4.4.3　数据与模型

由于本节研究将使用基于连续时间周期的面板数据分析来研究省级环保目标责任制，故本部分内容将首先对收集的数据进行简单的处理和统计，随后将通过多重检验来确定面板数据分析所需要用到的模型。

4.4.3.1　数据来源与变量描述性统计

由于具有强制性和量化评分细则的省级环保目标责任制从"十一五"计划才开始陆续颁布，所以本节研究涉及的时间周期依然为"十一五"计划和"十二五"计划期间。本节研究希望通过分析中国大陆 30 个省级行政单位（剔除存在大量数据缺失的西藏自治区）从 2007 年至 2015 年共 9 年的连续数据来判断省级环保目标责任制对于省级环境绩效的总体影响效果。

本节研究的因变量涉及的各项基础数据和自变量中的各省、自治区、直辖市环保机构总人数，各省、自治区、直辖市颁布的地方环境行政规章数量和群众对环保部门的来信来访数量等三个变量来自于《中国环境年鉴》（2008—2016 年）。本节的两个主要自变量——是否制定和颁布拥有量化评分细则的环保目标责任制和是否修订和升级环保目标责任制来于各省、自治区、直辖市环保部门官方网站。本节研究中剩余的一个自变量——环境支出占省级行政单位的财政总支出比例和所有控制变量均来自《中国统计年鉴》（2008—2016 年）。

表 4-11 是本节研究涉及的详细变量、测度情况和数据源。而表4-12是各项数据的描述性统计。

表 4-11 变量、测度与数据来源

变量	测度	变量类型	数据源
"工业三废"排放综合达标率	工业废水排放达标率、工业 SO_2 排放达标率、工业粉尘排放达标率与工业固体废弃物处置和综合利用率的等值加权结果（%）	因变量	中国环境年鉴2008—2016
是否拥有环保目标责任制	各省、自治区、直辖市是否颁布拥有量化评分细则的环保目标责任制（0，1）	主自变量	各省、自治区、直辖市环保部门官方网站
修订和升级环保目标责任制	各省、自治区、直辖市是否根据本省份实际情况修订和升级排污费征收政策及修订次数（0，1，2……）	主自变量	各省、自治区、直辖市环保部门官方网站
环境支出占比	环境支出占省级行政单位的财政总支出比例（%）	自变量	中国统计年鉴2008—2016
环保机构总人数	省级行政单位拥有的各类环保机构的人员总数（个）	自变量	中国环境年鉴2008—2016
地方环境行政规章数量	省级行政单位颁布的环境行政规章数量（件）	自变量	中国环境年鉴2008—2016

续表

变量	测度	变量类型	数据源
群众来信来访批次	群众对省级环保部门的来信来访数量（次）	自变量	中国环境年鉴 2008—2016
年末人口数量	每年年末省级行政单位的人口数量（万人）	控制变量	中国统计年鉴 2008—2016
人均受教育年限	全省人口的平均受教育年限（年）	控制变量	中国统计年鉴 2008—2016
人均GDP	人均国民生产总值（元/人民币）	控制变量	中国统计年鉴 2008—2016
第二产业GDP占省份总GDP比重	第二产业GDP/省份总GDP（%）	控制变量	中国统计年鉴 2008—2016

资料来源：根据《中国环境年鉴》（2008—2016年）、《中国统计年鉴》（2008—2016年）和各省、自治区、直辖市环保部门官方网站由笔者自制。

表4-12 **变量的描述性统计**

变量	观测值	平均值	标准差	最小值	最大值
"工业三废"排放综合达标率	270	79.32148	10.45159	38.225	99.625
是否拥有环保目标责任制	270	0.355556	0.47957	0	1
修订和升级环保目标责任制	270	1.137037	1.110828	0	4
环境支出占比	270	0.03006	0.010893	0.008454	0.067274
环保机构总人数	270	6578.933	4860.493	804	27017
地方环境行政规章数量	270	0.848148	1.799188	0	16
群众来信来访批次	270	11775.65	15858.38	52	117933

变量	观测值	平均值	标准差	最小值	最大值
年末人口数量	270	4449.691	2666.543	552	10849
人均受教育年限	270	8.732807	0.969406	5.479	12.081
人均 GDP	270	38896.43	21551.49	7273	107960
第二产业 GDP 占省份总GDP 比重	270	47.74646	7.906155	19.7	61.5

资料来源：根据《中国环境年鉴》（2008—2016 年）、《中国统计年鉴》（2008—2016 年）和各省、自治区、直辖市环保部门官方网站由笔者自制。

4.4.3.2 研究模型

本节研究将使用面板数据模型对收集的统计数据进行分析。基于前人的研究经验和 4.3 的面板数据模型构建，可以预计本节研究使用的基于连续时间周期的省级面板数据也可能会面临观测值横截面依赖性的问题。因此，为了确定最为准确和适用的模型，有效应对模型中可能出现的异方差性和自相关问题，本节研究将在进行 F 检验，异方差检验和自相关检验等三项检验的基础上来确定最终使用的模型类型。

如表 4-13 所示，首先对数据进行 F 检验可以发现检验结果拒绝混合模型，故确定本书使用个体固定效应模型。随后，通过 Modified Wald 检验组间的方差齐性得出拒绝方差齐性的结果。该结果说明本节研究的数据存在异方差性。最后，为了验证数据是否存在横截面自相关，本书进行 Wooldridge 检验，得到了所选用数据存在自相关性的结果。据此可以发现，本节研究省级环保目标责任制所使用的数据与上节研究省级排污费征收政策使用的数据的类型一致。故本节研究也采用 Dricoll-Kraay 模型来调整和修正异方差、自相关的数据中存在的时间和个体效应的系数的标准差来确保模型的稳健性和结果的有效性。

表 4-13 面板数据模型的检验及结论

检验模型	Y	检验结论
F 检验	13. 150 （Prob＝0. 0000）	拒绝混合模型
Modified Wald 检验	493. 720 （Prob＝0. 0000）	拒绝方差齐性
Wooldridge 检验	8. 432 （Prob＝0. 0000）	拒绝自不相关

资料来源：根据《中国环境年鉴》（2008—2016 年）、《中国统计年鉴》（2008—2016 年）和各省、自治区、直辖市环保部门官网由笔者自制。

本节研究使用的 Dricoll-Kraay 标准差固定效应模型用方程表述为：

$$Y_{it} = \alpha_i + \beta_3 X_{3it} + \beta_4 X_{4it} + \delta_{it}$$

在方程中，下标 i 代表横截面个体，即不同的省级行政单位，而 t 则代表从 2007 年到 2015 年不同的观测年份。因变量 Y_{it} 代表各省级市行政单位在各年份的"工业三废"排放综合达标率。X_{3it} 是自变量矩阵，包括是否制定和颁布拥有量化评分细则的环保目标责任制、是否修订和升级环保目标责任制、环境支出占比、环保机构总人数、地方环境行政规章数量和群众来信来访批次等 6 个自变量，X_{4it} 是控制变量矩阵，包括年末人口数量、人均受教育年限、人均 GDP 和第二产业 GDP 占省份总 GDP 比重等 4 个控制变量。α_i、β_3、β_4 和 δ_{it} 分别代表 Dricoll-Kraay 模型中的常数项、自变量矩阵待定系数、控制变量矩阵待定系数和残差项。

4.4.4　分析结果与讨论

依据 Dricoll-Kraay 标准差固定效应模型，本书对各项数据进行了回归分析来检测省级排污费征收政策对"工业三废"排放综合达标率的影响，具体的分析结果如表 4-14 所示。

表 4-14 　　　　省级环保目标责任制面板数据模型分析结果

自变量	Coefficient	Standard Errors
是否拥有环保目标责任制	0.000051	0.000023
修订和升级环保目标责任制	0.000786	0.000274
环境支出占比	1.05117**	0.63056
环保机构总人数	0.000375	0.00057
地方环境行政规章数量	0.180029	0.21132
群众来信来访批次	0.000113	0.000028
年末人口数量	−0.00499	0.00371
人均受教育年限	1.92235*	1.01526
人均 GDP	−0.000107	0.000054
第二产业 GDP 占省份总 GDP 比重	−0.397928*	0.127951
Constant	106.6335*	17.63549
Observation	270	
R-squared	0.3637	

注释：$*p<0.1$、$**p<0.05$，$***p<0.01$ 分别表示在 10%、5% 和 1% 的显著性水平下显著（单侧检验）。本书的因变量为"工业三废"排放综合达标率。

资料来源：根据《中国环境年鉴》（2008—2016 年）、《中国统计年鉴》（2008—2016 年）和各省、自治区、直辖市环保部门官方网站由笔者自制。

本模型 R-squared 拟合的拟合优度为 36.37%，在可接受的范围内。但是通过单侧检验可以发现，虽然模型整体在 10% 的置信水平表现出统计显著性，但是本节研究中的两个主要自变量并未在 10%，5% 或 1% 的显著性水平下表现出统计显著性，这与研究预期严重不符。本结论中两个主要自变量与因变量的相关系数显示两个主要自变量对于因变量的影响非常微弱，但是笔者通过查阅相关实证研究的文献并对环保部门的政府官员访谈发现，这与事实并不相符。省级环保目标责任制的颁布与修订在实践中确实起到了激励与监督政府官员积极投入环境综合治理的作用（杨妍，2009；王彩虹等，2010；徐鲲等，2016；王丽珂，2016）。

考虑到省级环保目标责任制主要是对政府官员提出强制性目标，迫使其重视环境综合治理，努力提升环境绩效，所以其对于政府官员的"威胁"有效性以及政府官员采取措施进行政策回应都可能需要一定的时间（王彩虹等，2010；国涓等，2013；黄爱宝，2016）。因此，本节研究中涉及的颁布与修订省级环保目标责任制并不一定在当年就能够有效提升"工业三废"排放综合达标率，其政策效果可能会出现滞后的情况。

为了验证这一情况是否存在，本节研究使用 Stata13.0 软件对因变量进行后置处理。当因变量后置 1 年时，面板数据模型的结果并没有发生十分显著的变化，因此不在此过多讨论。当因变量后置 2 年时，面板数据模型的结果发生了显著的变化，不仅模型整体的拟合度更好，而且主要变量都表现出了高度的统计显著性，与预期假设基本一致。具体的面板数据模型分析结果可参见表 4-15。

表 4-15　因变量后置 2 年的省级环保目标责任制面板数据模型分析结果

自变量	Coefficient	Standard Errors
是否拥有环保目标责任制	0.19556**	0.05606
修订和升级环保目标责任制	0.99781***	0.31529
环境支出占比	0.8052*	0.88083
环保机构总人数	0.001976	0.00085
地方环境行政规章数量	0.46089	0.21314
群众来信来访批次	0.000343**	0.000271

自变量	Coefficient	Standard Errors
年末人口数量	−0.001347	0.000419
人均受教育年限	0.567115*	0.277454
人均 GDP	−0.000306	0.000075
第二产业 GDP 占省份总 GDP 比重	−0.482366*	0.17349
Constant	73.33151***	22.98697
Observation	210	
R-squared	0.3999	

注释：*$p<0.1$、**$p<0.05$、***$p<0.01$ 分别表示在 10%、5% 和 1% 的显著性水平下显著（单侧检验）。本书的因变量为"工业三废"排放综合达标率。

资料来源：根据《中国环境年鉴》（2008—2016 年）、《中国统计年鉴》（2008—2016 年）和各省、自治区、直辖市环保部门官方网站由笔者自制。

表 4-15 的分析结果表明，因变量后置 2 年模型的 R-squared 拟合的拟合优度达到了 40% 的水平，说明模型的拟合优度较好。单侧检验的结果显示模型整体在 1% 的置信水平下高度显著，模型总体是有效的。但是这样的结果是在因变量后置两年的情况下得到的，说明拥有量化评分细则的省级环保目标责任制在颁布和修订之后的两年才能够充分发挥其作用，有效提升"工业三废"排放综合达标率和省级环境绩效。但是本节研究中环保机构总人数和地方环境行政规章数量两个自变量并没有表现出统计显著性，后文会对此进行具体的分析。以下内容将对因变量后置 2 年的省级环保目标责任制面板数据模型中相对重要的研究结果进行分析和解释。

4.4.4.1 颁布与修订拥有量化评分细则的环保目标责任制

根据因变量后置 2 年的 Dricoll-Kraay 模型分析的结果可以发现，制定和颁布拥有量化评分细则的环保目标责任制与"工业三废"排放综合达标率在 5% 的置信水平上呈现正相关关系。在控制其他因素不变的情况下，制定和颁布拥有量化评分细则的环保目标责任制的省份的"工业三废"排放综合达标率的平均增幅接近 0.2%。与此类似，修订和升级省级环保目标责任制与"工业三废"排放综合达标率在 1% 的置信水平上呈现高度正相关。在控制其他因素不变的情况下，修订和升级环保目标责任制的省份的"工业三废"排放综合达标率在观测年份的平均增幅接近 1%。

由此可以看出，颁布和修订具有量化评分细则的省级环保目标责任制能够有效提升"工业三废"排放综合达标率。这说明省级环保目标责任制对于政府官员的环境综合治理行为确实产生了约束力，能够促进省级环境绩效的提升。但是政策设计时希望快速提升省级环境绩效的目标却没有达到。上述研究结果显示，由于省级环保目标责任制是近十年来才逐步确定的新式强制性环境责任政策，所以其政策作用的效果显现需要时间（黄爱宝，2016）。在政策颁布或修订两年之后，环保目标责任制才能够有效提升"工业三废"排放综合达标率。这里面既存在官员调整心态和利益所需要的时间，也包括政策推广和落实所需要的时间。

总体而言，省级环保目标责任制的颁布和修订能够有效提升省级环境绩效。省级环保目标责任制颁布和修订的时间越长，官员和群众对于该政策的认可和支持程度就会越高，其对于环境绩效的改善作用就会越明显。相较于省级排污费征收政策等经济类环境综合治理政策而言，强制性环保目标责任制在颁布伊始就允许各省级行政单位根据自身的情况进行修订和升级，这就能够有效修补政策漏洞，避免了官员寻租和企业钻空子的空间。虽然修订和升级环保目标责任制对于提升"工业三废"排放综合达标率的效果不如修订和升级省级排污费征收政策带来的效果明显，但是多次修订、不断调整的环保目标责任制本身更加稳定，具有更强的适应性和更少的政策漏洞，能够更好地提升省级环境绩效，从长远看会更加有效。

4.4.4.2 省级行政单位对环境综合治理的重视程度

表达省级行政单位对环境综合治理重视程度的环境支出占比、环保机构总人数和地方环境行政规章数量三项指标中，环境支出占比与"工业三废"排放综合达标率在 10% 的置信水平上呈现正相关，且环境支出占比每增加 1%，"工业三废"排放综合达标率会提升 0.8052%。这说明政府对于环境综合治理的资金投入越多，"工业三废"排放综合达标率就越高，就越能够有效提升省级环境绩效。

而环保机构总人数和地方环境行政规章数量两项指标并未在任何置信水平上表现出统计显著性。根据数据分析结果可以发现，自变量环保机构总人数与因变量"工业三废"排放综合达标率之间的关联较弱（相关系数 0.001976）且未表现出统计显著性。而自变量地方环境行政规章数量与"工业三废"排放综合达标率虽然关联较强（相关系数0.46089），但是也未表现出统计显著性。

统计结果显示，环保机构人数较多确实可以在一定程度上加强执法力度来提升"工业三废"排放综合达标率。随着国家和各省级行政单位对于环境问题重视程度的不断提升，各地环保部门的人数也大幅增长。但是环保部门人员的爆发性增长不必然带来环境绩效的提升。一方面是由于很多省份的环保部门人员数量和岗位已经饱和，所需完成的工作已经被分配完毕，再进一步增加机构人员数量只会降低环保部门工作的边际效益，对于省级环保绩效的提升效果有限；另一方面是因为虽然环保部门的人员数量在不断增加，但是人员的专业素质却并没有得到进一步提升，业务不精、人浮于事甚至以权谋私的现象仍然在一定范围内存在（王彩虹等，2010；李晓龙，2016；王丽珂，2016）。虽然当前各省份出台有环保目标责任制，但是该政策针对的对象是主要行政官员，对于环保部门具体工作人员的管束力仍然有限。这些情况都会影响到环保机构人数与"工业三废"排放综合达标率之间的关系。而地方环境行政规章数量虽然与"工业三废"排放综合达标率呈现正相关关系，但是作为省级环保目标责任制的衍生政策，这些省级行政单位颁布的环境行政规章作用于环境和经济发展的多个方面而非全部直接针对"工业三废"排放本身（徐鲲等，2016；许亚宣等，2016）。因此，这些环境行政规章虽然可以在一定程度上间接影响"工业三废"的排放达标率，但是两者并不存在完全的直接关系，也就不存在统计显著性。

4.4.4.3 群众来信来访批次

根据统计分析的结果可以发现，在省级环保目标责任制颁布的情况下，环保部门的群众来信来访批次与"工业三废"排放综合达标率在5%的置信水平上呈现正相关。在控制其他因素不变的情况下，当环保部门的群众来信来访批次每增加1%时，"工业三废"排放综合达标率会上升0.000343%，这与预期的研究假设基本一致。虽然群众来信来访对于"工业三废"排放综合达标率的提升效果十分有限，但是两者建立了积极而显著的关系，这说明省级环保目标责任制的颁布确实强化了官员对于群众环境诉求和反馈的回应和处置。

省级环保目标责任制的颁布和修订在给予官员环境综合治理压力的同时赋予了群众参与环境综合治理的手段和机遇。群众对于环保部门的来信来访也成为了监督官员环境综合治理效果的重要手段，强化了官员在环保目标责任制中的被监督地位（李文钊，2015）。相较于经济类环境综合治理政策中的政府与企业二元博弈而言，在省级环保目标责任制中，群众不仅拥有直接的环境利益，也拥有能够直接"对话"政府官员的博弈的手段（举报、上访、问责等），能够真正参与到与政府和企业的三方博弈当中。因此可以预计，随着环保目标责任制的推广和修订，群众对环保部门的来信来访未来必将会对"工业三废"排放综合达标率和省级环境绩效产生更为显著和积极的影响。

4.4.4.4 控制变量

在本节研究使用的四个控制变量中，年末人口数量与人均 GDP 两个变量在模型中并未表现出统计显著性，而人均受教育年限和第二产业 GDP 占省份总 GDP 比重两个变量与"工业三废"排放综合达标率在 10%的置信水平上呈现统计显著性。人均受教育年限与"工业三废"排放综合达标率呈现正相关而第二产业 GDP 占省份总 GDP 比重与"工业三废"排放综合达标率呈现负相关。

本节因变量后置 2 年模型中关于控制变量的分析结果与 4.3 中关于控制变量的结果一致。人均受教育水平越高越有助于有效应对和处置污染物排放；而第二产业 GDP 占比较高则不利于"工业三废"排放综合达标率的提升，会给省级环境绩效带来消极影响。这样的结果说明，人口数量、受教育程度、经济发展水平和工业发展水平等表现社会经济发展总体程度的控制变量在经济类环境综合治理政策和强制性环境责任政策中的影响基本相同，都会对省级环境绩效造成一定程度的影响。但是这些控制变量并不会因为两类政策不同的政策内容、政策对象和政策手段而对省级环境绩效造成明显的不同影响。

4.4.5　研究小结

虽然拥有量化评分细则的省级环保目标责任制颁布的时间只有十年，但是已经产生了积极的环境效益和社会经济效益。不仅有效约束和调控了政府官员的环境综合治理行为，也有效控制了"工业三废"排放综合达标率，提升了省级环境绩效。本节研究中的大部分研究假设都获得了验证，这说明强制性环境责任政策取得了初步的成功。虽然该政策的政策效果显现存在时间滞后的情况，但是基本实现了其政策目标。

省级环保目标责任制的核心思路是采用设立环保目标的强制责任手段促使行政官员在环境综合治理上投入更多的时间和精力，其本质是将传统行政命令采用量化考评的方式落实到官员个人。虽然该政策在治理方式上并没有创新之处，但是亮点在于强制力（目标责任及未完成的惩罚）对于官员的约束作用。省级环保目标责任制除了提升省级环境绩效之外，带来的额外效果是打破了政府和企业在环境综合治理领域的二元博弈格局，让群众也能够参与到环境综合治理的进程中并能够为省级环境绩效的提升贡献自己的力量。

总体而言，相较于以省级固体废弃物回收利用政策为代表的一般性环境综合治理政策和以省级排污费征收政策为代表的经济类环境综合治理政策而言，关于省级环保目标责任制的相关研究在统计学层面获得了更好的结论。这能够在一定程度上说明，在现阶段，强制性环境责任政策比经济类环境综合治理政策和一般性环境综合治理政策取得了更好的治理效果。强制性环境责任政策的优势一方面在于其可以利用政府官员较好的整合和调动各种资源来实现环保目标和提升环境绩效，另一方面在于其可以及时修订和升级政策使之能够较好地契合社会经济的发展，有效应对可能出现的各种问题和情况。但是面板数据分析的结果也显示，省级环保目标责任制对于普通环保部门工作人员的影响仍然有限，环保部门人员数量的增加并不能有效提升"工业三废"排放综合达标率。针对主要行政官员是省级环保目标责任制的优势也是缺点。拥有量化评分细则的省级环保目标责任制制定和颁布时间尚短，其政策内容和政策适用对象仍然在不断调整当中。但是随着时间的推移和政策的修订，以省级环保目标责任制为代表的强制性环境责任政策必将会更加健全和完善，能够为"工业三废"排放综合达标率和省级环境绩效的持续提升做出重要贡献。

4.5　政策比较

本章主要通过量化研究的方式研究了以省级固体废弃物回收利用政策为代表的一般性环境综合治理政策、以省级排污费征收政策为代表的经济类环境综合治理政策和以省级环保目标责任制为代表的强制性省级环境责任政策与省级环境绩效之间的关系。研究结果显示，三类政策都能够对省级环境绩效造成一定程度的影响，能够推动省级环境绩效的提升。从统计分析的角度看，以省级环保目标责任制为代表的强制性省级环境责任政策对省级环境绩效的影响最大，但是存在政策效果滞后的情况；以省级排污费征收政策为代表的经济类环境综合治理政策对省级环境绩效的影响次之，但是如不对该类政策进行修订和升级就会导致严重的政策漏洞致使政策失效；以省级固体废弃物回收利用政策为代表的一般性环境综合治理政策对省级环境绩效的影响最弱，且根据基于时间截面比较的多元回归分析可以发现该类政策对于省级环境绩效的影响力随着时间推移会持续减弱。

根据公共选择理论的相关观点，在各类环境综合治理政策中，政府官员、地方企业主和群众都是理性人，每个人都在环境综合治理的过程中利用相关政策谋求自身利益的最大化。一般情况下，企业主追求的是企业经济利益的最大化，官员追求的是自身利益和地方经济发展利益的最大化，而群众在环境综合治理中更看重环境效益的最大化（侯保疆，梁昊，2014）。这种基于理性自利的观点和不同群体间的利益分歧与冲突给环境综合治理带来了消极的影响。

各类环境综合治理政策颁布与修订的核心意义就是为了打破环境综合治理领域存在的寻租现象和利益关联，将环境绩效放置在各类利益之前，实现环境保护与经济发展的动态平衡（周宏春，2009）。在三类环境综合治理政策中，一般性环境综合治理政策对于环境综合治理中存在的利益关联影响力最弱，其只能通过一般性行政命令的方式对政府官员和企业主的行为进行约束。但是这种影响并不能打破官员和企业主在环境综合治理领域构建的利益集团和寻租联盟，真正实现省级环境绩效的长效提升。因此，一般性环境综合治理政策颁布之后随着时间推移就会逐渐出现政策失灵的状况；经济类环境综合治理政策中主要存在的是政府与企业的二元博弈关系，政府官员主要通过经济手段来制约企业的环境污染行为。虽然该类环境综合治理政策可以通过罚款和收费等方式有效制约企业的污染行为，但是借助经济手段管理环境的策略有可能反而会强化政府与企业的利益关系，导致原有政策的失灵，这就是省级排污费征收政策在未修订和升级时难以对"工业三废"排放综合达标率产生积极作用的原因。而强制性环境责任政策对于理性经济人破坏环境的自利行为的管束力最强，通过给政府官员设立环保责任目标的方式，强制性环境责任政策打破了原有的存在于政府官员和企业主之间的经济利益联盟，把提升省级环境绩效的强制任务放在首位，降低了政策失灵的可能性。此外，强制性环境综合治理政策也强化了群众参与环境综合治理的手段，增加了群众参与的机会，将原有的政府与企业二元博弈格局升格为政府与企业、群众三方博弈的局面。群众对环境利益的诉求决定了群众对环境综合治理活动的参与可以成为监督官员自利行为、防止官员寻租和企业行贿的重要手段。强制性环境责任政策将理性人的经济利益与环境效益进行了有机的结合，强调了环境综合治理和环境绩效的重要性。该类政策利用强制性的政策内容和高频率的政策修订来保证环境综合治理的公平和有效，可以在较长的时间维度上维持省级环境绩效的高水平。

　　从政治市场的理论角度考察，上文论述的三类环境综合治理政策都是政府为了维持其统治的稳定和促进可持续发展而做出的政策选择（陈洪生，2005）。无论是一般性的政策，还是强制性的政策，采用经济手段或者采用强制命令都是政府为了提升环境绩效而做出的策略决定。无一例外，政府是上述三类政策的供给方（陈梦筱，2007）。而政府供给环境综合治理政策的目的是为了缓解不同社会群体对于追求经济发展和环境效益之间存在的矛盾，满足广大民众追求良好生态环境的迫切需求。但是中央和省级政府供给环境综合治理政策的行为必然会影响到企业追求经济效益和地方基层政府追求税收利益的经济需求，会给地方经济发展带来不利影响。为了弱化环境综合治理政策可能引起的消极反应，平衡环境综合治理中的供给与需求关系，省级政府基于政治市场的理论制定了不同类型的环境综合治理政策来协调各方利益（朱昔群，2007）。强制性环境责任政策将环保责任与官员个人的政绩考评和升迁直接挂钩，实行环境一票否决制，这使得环境利益成为了官员的核心利益，比寻租带来的经济收益更为重要，支持此类政策不仅能够改善地方环境而且有利于个人发展。该类政策较好地将政府官员的个人利益与环境效益进行了结合，满足了政府官员的个人利益需求和地方可持续发展的需求。经济类环境综合治理政策虽然允许地方政府获得部分排污费和环境违法罚款分成，也能提升环境绩效，但是限制工业发展带来的经济损失远大于地方政府获得的环境执法分成，且该类政策本身对官员个人并没有实际的政治好处（郑石明等，2015），所以官员在应对经济类环境综合治理政策时会权衡其中的利弊与收益，选择最有利于个人利益和地区总体利益需求的策略。这样基于经济私利的衡量会弱化政府供给该类政策的本意，破坏政治市场中利用经济手段治理环境问题的效果（Tangetal，2016）。更有甚者，如果地方政府和官员认为本地经济发展比环境保护更为重要（经济利益大于环境利益），就会利用政治市场的过滤效应弱化经济类环境综合治理政策的影响，使其无法发挥真正的效果。一般性环境综合治理政策协调政府官员和企业主利益的能力较弱，该类政策无法有效激励地方官员治理环境的积极性，也无法有效协调政府与企业的利益关系（张伟，2015）。虽然此类政策的行政命令的本质特点可以保证其颁布和推广不受阻碍，但是这些政策的供给并没有考虑到地方政府、官员和企业的多元化利益需求，其能获得的积极政策效果也十分有限。

根据多中心治理理论的观点，要想进一步提升省级环境绩效，省级政府不仅应该加大对于环境综合治理的投入的力度，树立核心治理政策，还应该给予地方政府和非政府部门更多的支持和帮扶来建立多中心、多元化的环境综合治理体系。虽然定量研究的结果显示，无论是财政分权程度还是群众来信来访批次等代表多中心环境综合治理体系的自变量都没有表现出十分积极的结果，但是教育水平这一控制变量已经显现出其对于省级环境绩效的积极影响。而群众对环保部门的来信来访也开始逐步受到政府重视。这说明环境绩效的提升不仅需要中央和省级政府的政策制定，也需要地市级政府、县乡基层政府、企业、普通群众和社会各群体的积极参与。随着公民意识的觉醒和民众环保意识的增强，多中心环境综合治理体系必将会比单纯依靠政府行政命令构建的环境综合治理体系更加有效。只有充分调动地方政府、专业环保部门、企业和广大群众参与环境综合治理的积极性，各类环境综合治理政策才能够更好发挥其作用，有效提升省级环境绩效。

第5章　环境综合治理政策的
协同与执行

　　本章将在第四章分析的基础上通过定量研究的方式来探索环境综合治理政策协同与执行和环境绩效之间的关系。本章将研究不同的政策协同与执行因素对于省级环境绩效造成的影响。首先，本章第一部分将进行相关研究的大体介绍与综述，论述政策协同与执行在环境综合治理研究中的重要意义和本章用于研究环境综合治理政策协同与执行的模型和理论框架；第二部分将论述关于环境综合治理政策协同与执行的研究假设与变量选择；第三部分是本章研究涉及的各项研究数据和研究模型；第四部分是研究结果的分析与讨论；第五部分是研究总结。

5.1　研究引论

　　第四章已经证明环境综合治理政策的制定和颁布能够有效改善环境质量、提升省级环境绩效，但是各类环境综合治理政策是否能够有效发挥全部的政策能效、取得预期的政策效果不仅与政策类别和政策内容有关，更与政策的执行情况有关。无论环境综合治理政策设计的有多精巧和有效，都需要通过政策协同与执行去实现预期的政策目标。政策协同与执行是实现政策目标的唯一途径，政策协同与执行情况的好坏在很大程度上比政策制定本身更为重要，决定了政策的成败（莫勇波，

2005）。有学者甚至认为一项政策成功与否，90%都取决于政策协同与执行的情况（Allison，1972）。如果环保部门或者地方政府在执行环境综合治理政策的过程中逃避自己的责任，不能够切实履行应尽的义务，那么环境综合治理政策必然是低效率甚至是无效率的。因此，对环境综合治理政策协同与执行状况的研究就显得尤为重要。

虽然上一章已经较为全面地论述了三类环境综合治理政策本身的优缺点及其对环境绩效的影响，但是环境综合治理政策协同与执行过程中的各类因素对于省级环境绩效的影响并没有被纳入讨论的范畴中。为了解决这一问题，本章将根据第四章述及的三类环境综合治理政策的相关情况来选取可能影响省级环境绩效的各类政策协同与执行的因素进行分析。由于三类环境综合治理政策的内容和范式各不相同，影响省级环境绩效的政策协同与执行因素也各不相同，为了保证本章研究的结论足够准确和严谨，且能适用于各类环境综合治理政策，本章仅选取具有典型意义且对各类环境综合治理政策的执行都会产生影响的因素进行分析，以期能够较为全面地了解环境综合治理政策的执行对省级环境绩效的影响。

我国的政治体制、组织机构和制度安排等因素决定了我国实行的是基于 Sabatier-Mazmanian 模型的"自上而下"的政策协同与执行模式。在这种政策协同与执行模式中，中央和省级政府主要负责政策的制定和颁布，而地市级政府和县乡基层政府主要负责政策的响应、参与和执行（Sabatier and Mazmanian，1980；龚虹波，2008；丁煌，汪霞，2012）。由中央政府、省级政府向地方基层政府自上而下地进行政策推动被认为有助于政策协同与执行（Sabatier and Mazmanian，1980）。这是因为强有力的上级政府具有足够的权威去推动地方政府完成政策协同与执行的任务，并能根据地方政府的政策协同与执行情况予以奖惩（Scholz，1984）。

这种以威权为支撑的政策协同与执行体系不仅有效划分了中央/省

级政府和地方基层政府在公共政策领域的不同职能，做到了明确分工，防止政出多头引起的政策混乱，而且其清晰的执行框架可以更好地评估各项政策的执行效果和有关部门的执行能力（Wakita and Yagi, 2013）。在本书中，三类环境综合治理政策都是采用这种"自上而下"的形式执行的。

当前我国学界并没有一套统一而明确的、符合我国国情的自有政策协同与执行模型，也没有权威的研究指标和规范的量化研究方案供政策协同与执行研究使用。因此本章将借助与本书最为契合的Sabatier-Mazmanian 模型和"自上而下"的理论框架体系和指标结构，并结合我国自身的国情和环境综合治理领域的特点来研究环境综合治理政策中的各项协同与执行因素对于省级环境绩效的影响（董岩，2010）。而采用定量研究的方式能够精准判断出各种政策协同与执行因素的影响效果和影响程度，找出政策协同与执行过程中可能存在的偏差和问题，准确衡量政策协同与执行的效果（龚虹波，2008）。因此，在具体的研究方法上，本章将使用基于连续时间周期的面板数据模型来分析"十一五"和"十二五"计划期间环境综合治理政策的协同与执行状况对省级环境绩效的影响。根据 Sabatier-Mazmanian 模型的相关论述，并结合公共政策协同与执行研究领域的相关文献，影响政策协同与执行的因素主要可以分为以下几个方面：一是政策本身设置的合理性与有效性。政策设置本身是否具有较强的合理性和适用性，是否考虑到政策协同与执行中可能遇到的各种问题和情况，是否为政策的顺利执行提供了政策内容上的便利都会影响政策协同与执行的效果。二是政府投入的政策资源。在"自上而下"的政策协同与执行体系中，中央和省级政府对于政策的态度和资源投入往往决定了这项政策的执行效果。上级政府的投入意愿和投入能力会影响到地方基层政府对于政策协同与执行的实施力度，政策的执行情况往往与政府的政策资源投入成正比。三是政府本身拥有的政策协同与执行力。政府本身

拥有的应对和处置各项事务的能力对于政策的执行情况有着十分重要的
影响。雷厉风行、处置果断、公平公正的政府部门在执行政策时会拥有
更高的效率和更好的效果。四是政府政策协同与执行的手段。政府执行
政策采用的方式方法会影响到政策协同与执行的情况，采用强力手段和
采用柔性措施执行政策造成的结果是不同的。虽然强力手段和柔性措施
各有优缺点，但是如果应用得当则都应该能推动政策的有效执行
（Sabatier and Mazmanian，1980；王学杰，2008；Yi，2014；郑石明等，
2015）。Sabatier-Mazmanian 模型中影响政策协同与执行的各种因素如表
5-1 所示：

表 5-1　　**Sabatier-Mazmanian 模型中政策协同与执行的影响因素**

序号	影响因素	解释说明
1	政策设置的合理性与有效性	政策设置（政策内容）是否考虑和应对政策协同与执行中可能遇到的问题
2	政府投入的政策资源	政策协同与执行相关的财力、信息、人力等具体的资源因素
3	政府拥有的政策协同与执行力	政府的办事能力、行政效率等因素
4	政府政策协同与执行的手段	政府执行政策采用的强力手段和柔性手段等因素

資料来源：根据 Sabatier 和 Mazmanian 发表于 1980 年的论文 The implementation
of policy：A framework of nalysis 和其他相关文献资料由笔者自制。

　　本章的研究将借鉴上述 Sabatier-Mazmanian 模型中影响政策协同与
执行的因素，并结合第四章中论述的环境综合治理政策的实际情况来确
定本章研究涉及的影响环境综合治理政策协同与执行的因素。具体的影
响因素选取情况如表 5-2 所示：

表 5-2   环境综合治理政策协同与执行的影响因素

政策设置的合理性与有效性	政府投入的政策资源	政府拥有的政策协同与执行力	政府政策协同与执行的手段
1. 上级政府的环境执行要求 2. 地方性环保法规	1. 环境支出 2. 治污投入	1. 环境突发事件 2. 公众应对水平 3. 业务执法能力	1. 强力执行手段 2. 柔性执行手段

资料来源：笔者自制。

后文进行的研究假设、变量选取和模型构建都将在表 5-2 选取的影响环境综合治理政策协同与执行的各项因素的基础上进行。

5.2 研究假设与变量选择

5.2.1 研究假设

本节将根据表 5-2 影响环境综合治理政策协同与执行的四类维度来进行研究假设。研究假设将基于 9 项具体影响政策协同与执行的因素来预判环境综合治理政策协同与执行和省级环境绩效的关系。

5.2.1.1 政策设置的合理性与有效性

环境综合治理政策的执行效果与政策设置情况有着密切的关系。如果政策设置较为合理，拥有较强的可操作性且考虑到了不同利益群体在政策协同与执行过程中的相关利益，则政策协同与执行的效果会较好，反之则会较差。政策设置的合理性往往表现在政策制定者会在政策内容中进行清晰明确的规定，对于可能出现的影响政策协同与执行的情况都在政策内容中做出相应的制度化防范并给出解决措施，将可能出现的影响政策协同与执行的不利因素减少到最低程度（刘俊秀，2012）。因此，可以判断，环境综合治理政策设置的合理性与有效性可以对省级环境绩效产生积极的影响。而在影响环境综合治理政策协同与执行的因素中，体现政策设置合理性与有效性的因素主要可以表现在两个方面：一是省级政府对于地方基层政府环境综合治理政策协同与执行的政策要求；二是省级政府颁布的针对地方政府环境综合治理的环保法规。由此，可以提出假设：

假设1：省级政府对于地方基层政府提出环境综合治理政策协同与执行的政策要求比不提出此类政策要求可以获得更好的省级环境绩效。

假设2：省级政府颁布的针对地方政府环境综合治理的环保法规越多，则省级环境绩效越好。

5.2.1.2　政府投入的政策资源

政府在环境综合治理政策中投入的政策资源能够从客观上解决政策协同与执行中遇到的各种困难，帮助政策顺利执行。更重要的是，在我国的政策协同与执行体系当中，省级政府对于一项政策的政策资源投入情况代表了高层对于这项政策的态度和意见，是具有指标意义的（宁国良，2000）。一般情况下，省级政府和其他行政部门对一项政策投入的政策资源越多，说明高层对这项政策的重视和期待程度就越高，该政策就越受到地方基层政府的重视，其执行情况就会越好，对省级环境绩效的积极影响就越大。由此可以预计，省级政府为环境综合治理政策顺利执行而投入的政策资源与省级环境绩效应该存在积极关系。

由于政策资源呈现出多元化的特征，在本章研究中为了保证所选取和使用的政策资源在三类环境综合治理政策中都有投入且发挥了重要的作用，将只选取财力资源作为衡量的标准。而能够体现财力资源投入的影响环境综合治理政策协同与执行的因素主要包括环境支出和治污投入两个方面。根据这一情况可以做出假设：

假设3：省级政府的环境支出力度越大则省级环境绩效越好。

假设4：省级政府的治污投入力度越大则省级环境绩效越好。

5.2.1.3   政府拥有的政策协同与执行力

政府和相关环保部门处置和应对各种环境事务的能力会对环境综合治理政策的执行和省级环境绩效造成十分重要的影响。一般而言，如果省级政府和环保部门处事果断、执法严格，拥有较高的行政效率和较好的业务能力，则环境综合治理政策的执行将会取得较好的效果，对于省级环境绩效的影响也会较为积极；如果省级政府和环保部门的业务能力和行政效率都较弱，则政策协同与执行的效果就十分有限，省级环境绩效必然会较差（彭乾等，2016）。由此可以推断，政府和环保部门拥有的政策协同与执行力与省级环境绩效应该呈现正相关关系。在各类环境综合治理政策中，政府及环保部门拥有的政策协同与执行力主要可以体现在三个方面，即预防环境突发事件的能力、应对公众反馈的能力和业务执法的能力。据此，对于政府拥有的政策协同与执行力的假设可以具化为：

假设5：环境突发事件越多则政策协同与执行力越低，省级环境绩效就会越差。

假设6：省级政府和环保部门应对公众环境反馈的能力越强，则政策协同与执行力就越强，省级环境绩效就会越好。

假设7：省级政府和环保部门的业务执法能力越强则政策协同与执行力越强，省级环境绩效就会越好。

5.2.1.4   政府政策协同与执行的手段

政策协同与执行手段的不同会带来不同的政策协同与执行效果。一般而言，政策协同与执行手段包括强力执行手段和柔性执行手段，两者特点各不相同。强力执行手段的政策效果明显，可以在较短时间内有效促进政策协同与执行，但是容易引发政策对象反弹，难以持久；而柔性执行手段可以让政策对象较好的服从，政策协同与执行的可持续时间较为长久，但是政策效果往往并不明显，难以短时见效（钱再见，金太军，2002）。强力和柔性两种不同的政策协同与执行手段并无优劣之分，关键在于政府如何应用。只要应用得当，两者都能够有利于环境综合治理政策的执行和省级环境绩效的提升。

基于这一观点，可以对政府政策协同与执行的手段做出假设：

假设 8：省级政府环境综合治理的强力执行手段应用地越好，省级环境绩效就会越好。

假设 9：省级政府环境综合治理的柔性执行手段应用地越好，省级环境绩效就会越好。

5.2.2　变量选择

本节内容涉及的研究变量将按照研究假设的思路进行选取。研究变量的选取将遵循两个主要原则：一是所选变量能够较好地代表研究假设中提及的影响环境综合治理政策协同与执行的各种因素；二是所选变量必须具有足够的代表性且与三类不同的环境综合治理政策都存在密切的联系。本节内容将论述研究涉及的因变量、自变量和控制变量。对于部分曾经在第四章已经有过详细论述和说明的研究变量，本部分将不再过度赘述。

5.2.2.1　因变量

环境综合治理政策的执行情况主要考察的是已经完成的环境综合治理任务与需要完成的环境综合治理任务之间的差距。如果这种差距越小，则说明环境综合治理政策的执行状况越好，反之则说明政策的执行状况越差。基于此，可以认为政府和官员对于环境综合治理政策的执行情况指的是其完成环境综合治理任务的程度。对政府官员而言，当前环境综合治理的主要任务在于控制企业排放的工业污染物数量，所以各类工业污染物排放的达标率（污染物处置量/污染物排放量 * 100%）可以用来有效衡量政府环境综合治理的工作成就。基于理性经济人的观点，各类工业污染物的排放达标率不会自然上升（石昶，陈荣，

2012)，只有政府采取有效措施执行环境综合治理政策才能提升工业污染物的排放达标率，且工业污染物排放达标率越高则说明政府的环境综合治理政策协同与执行的越好，而省级环境绩效也会越好。鉴于此，本章将继续选取"工业三废"排放综合达标率作为研究的因变量。一方面是因为"工业三废"排放综合达标率将工业废水排放达标率、工业二氧化硫排放达标率、工业粉尘排放达标率和工业固体废弃物处置和综合利用率四项全面衡量政府和官员环境综合治理任务完成程度的因素（较好的代表了工业废水、工业废气和工业固体废弃物处置程度）纳入指标体系当中，可以有效考察环境综合治理任务完成和政策协同与执行的综合状况；另一方面是因为"工业三废"排放综合达标率也可以较好地代表省级环境绩效，具有鲜明的指标意义，符合本章因变量选取的要求。

本章将继续使用第四章的方法对工业废水排放达标率、工业二氧化硫排放达标率、工业粉尘排放达标率和工业固体废弃物处置和综合利用率四项研究数据进行等值加权处理以获得"工业三废"排放综合达标率。上述四项数据（除西藏自治区之外中国大陆的 30 个省级行政单位的数据）均来源于《中国环境年鉴》（2008—2016 年）。

5.2.2.2 自变量

本章研究自变量的选取将按照政策设置的合理性与有效性、政府投入的政策资源、政府拥有的政策协同与执行力和政府政策协同与执行的手段等 4 大维度以及 9 项具体的政策协同与执行影响因素来进行选取。

5.2.2.2.1 政策设置的合理性与有效性

根据影响环境综合治理政策协同与执行的因素可以知道，代表政策设置合理性与有效性的因素主要包括上级政府的环境执行要求和地方性环保法规两个方面。首先，将选取三类环境综合治理政策文件是否对地方政府政策协同与执行的责权有详细要求来代表上级政府的环境执行要求。如果三类环境综合治理政策的文本书件中强调了地方政府对环境综合治理政策协同与执行的权责，则说明省级政府在制定政策时考虑到了政策协同与执行中可能遇到的问题，采用文本说明的方式将地方政策协同与执行的责任制度化，降低了地方政府拒绝执行或者执行低效的可能性，是政策设置合理的表现（罗柳红，张征，2010）。这样的做法不仅有利于环境综合治理政策的执行，而且能够显著提升省级环境绩效。如果政策文件中并没有做出相应规定，则说明政策设置本身缺乏足够的约束力，对环境综合治理政策的执行将带来不利的影响。本章研究采用二元变量的形式来定义环境综合治理政策文件是否对地方政府政策协同与执行的责权有详细要求。如果一个省级行政单位从某一年开始在三类环境综合治理政策的文件中对地方政府政策协同与执行的责权进行详细要求，则该省份在这一年和随后的年份被定义为 1，在其他年份则被定义为 0。相关的资料和数据均从各省、自治区、直辖市环保部门的官方网站获得。

其次，各省级行政单位在国家环保局备案的地方环境标准数量将用来代表地方性环保法规这一因素。省级行政单位在国家环保局备案的地方环境标准数量越多，则说明省级行政单位对于地方政府进行环境综合治理政策协同与执行提出的要求也就越多。地方环境标准不仅能够代表省级政府从政策设置的角度对地方政府的政策协同与执行进行监督，也能够具化三类环境综合治理政策中的各项内容，帮助地方政府更好的执行这三类政策。省级行政单位在国家环保局备案的地方环境标准数量这一指标的相关数据来源于《中国环境年鉴》（2008—2016 年）。

5.2.2.2.2　政府投入的政策资源

研究假设中已经说明，为了保证所选取和使用的政策资源能够兼顾三类环境综合治理政策，本章研究将只选取财力资源作为政府投入的政策资源的衡量标准。因此，本维度的自变量选取将从环境支出和治污投入两方面进行。

首先，本章研究将沿用环境支出占省级行政单位的财政总支出比例这一因素来衡量省级政府的环境支出情况。一方面，环境支出占省级行政单位财政总支出的比例越大，则政府在三类环境综合治理政策中投入的政策资源就越多，政策协同与执行中遇到的困难和问题就会越少；另一方面，环境支出占省级行政单位财政总支出的比例越大，说明省级政府对于环境综合治理政策的期望就越大。出于自利性原则的考虑，地方政府在执行这些环境综合治理政策时就会更加用心，其对省级环境绩效的积极影响就越大。

其次，本书还将选用工业污染治理投资总额来代表政府的治污投入。与环境支出这一变量的作用类似，工业污染治理投资总额的数量也代表了环境综合治理政策协同与执行面临的阻力大小和省级政府对于工业污染治理的决心和态度。但是与环境支出表示政府对环境综合治理领域的整体政策资源投入不同的是，工业污染治理投资总额这一变量聚焦于工业污染治理这一领域，所关注的政策资源投入点更加集中，与环境综合治理政策协同与执行的联系更加密切，可以更加精准的反映影响环境综合治理政策协同与执行的因素对于"工业三废"排放综合达标率的影响。环境支出占省级行政单位的财政总支出比例和工业污染治理投资总额这两项研究指标的相关数据都来源于《中国统计年鉴》（2008—2016年）。

5.2.2.2.3 政府拥有的政策协同与执行力

本书将选用环境污染事故发生次数、已处理群众来信来访批次和环境行政处罚案件数量这三项指标来指代政府拥有的政策协同与执行力这一维度。上述三项指标的数据均从《中国环境年鉴》（2008—2016年）中获得。

首先，环境污染事故发生次数可以代表政府预防环境突发事件的能力，而这一能力是政府政策协同与执行力的重要方面。如果政府拥有较强的政策协同与执行能力，则可以较好地预防环境突发事件的产生，环境污染事故发生的次数就会较少（王玉明，2015）。反之，如果环境污染事故发生的次数较多，则说明政府的政策协同与执行力较弱，环境综合治理政策的执行效果较差。因此，可以认为环境污染事故发生次数与省级环境绩效呈现负相关关系。

其次，已处理群众来信来访批次可以用来反映政府应对公众环境反馈的能力。处理群众关于环境问题的来信来访是我国政府和环境保护部门的重要工作内容（杨妍，2009）。政府和环保部门处理的群众关于环境问题来信来访批次越多，说明政府根据公众环境反馈意见进行环境处置的能力就越强，就越有可能完成环境综合治理任务，带来的省级环境绩效就越好。

再次，环境行政处罚案件数量代表了省级政府和环保部门的业务执法能力。进行环境行政处罚是政府和环保部门应对生态破坏和环境污染行为最常用的手段（王华，郭红燕，2015）。这项指标可以代表政府和环保部门日常工作能力的高低。如果政府和环保部门完成的环境行政处罚案件数量较多，则说明政府和环保部门的业务态度和业务能力都处于较高的水平，其政策协同与执行能力就会较强，环境综合治理政策的执行效果就会较好。

5.2.2.2.4　政府政策协同与执行的手段

政府政策协同与执行的手段可以大体划分为强力政策协同与执行手段和柔性政策协同与执行手段两类。本部分将对这两种政策协同与执行手段分别细化，共计设立四个指标。

首先，强力政策协同与执行手段可以用各省级行政单位的环境监理所（监察所）数量和环境监理所（监察所）执法人数两个指标指代。环境监理所是环保部门用于监督和处置环境违法违规行为的基本单位，具有环境行政处罚的业务执法权，是省级政府和环保部门确保环境综合治理政策协同与执行的根本关键（齐晔，2014）。因此，这两个指标可以指代政府政策协同与执行中的强力手段。环境监理所（监察所）的数量和一线执法人数越多，则说明政府的强力政策协同与执行手段应用的就越好，就越有利于环境综合治理政策的有效执行和省级环境绩效的提升。这两项研究指标的相关数据来源于《中国环境年鉴》（2008—2016 年）。其次，本维度中的柔性政策协同与执行手段用环境宣传教育活动次数和各省级行政单位环境宣教中心机构人数两个指标进行指代。
三类环境综合治理政策的顺利执行不仅需要强力手段支持，也需要采用
教育和宣传等柔性手段。环保教育和宣传是环境综合治理政策深入人
心，被广大群众和企业主自觉接纳和支持的关键（Hanifzadehetal,
2017）。因此，环境宣传教育活动次数和各省级行政单位环境宣教中心
机构人数可以用来衡量政府采用柔性政策协同与执行手段治理环境问题
的水平。《中国环境年鉴》（2008—2016 年）提供了上述两项研究指标
的相关数据。

5.2.2.3 控制变量

本章的研究是在第四章的研究基础上开展的，研究的内容也是影响
三类环境综合治理政策协同与执行的各种因素对于省级环境绩效的影
响。因此，设置相应的控制变量不仅可以使本章与第四章的研究构架保
持一致，更好地研究各类影响政策协同与执行的因素对省级环境绩效造
成的影响，而且可以把社会经济发展因素对于本书的影响纳入考察范畴
当中，防止研究结果出现偏误。

因此，本章研究将继续使用代表社会经济总体发展水平的年末人口
数量、人均受教育年限、人均 GDP 和第二产业 GDP 占省份总 GDP 比
重等四个变量作为控制变量来进行辅助分析。由于本章选择和设置的控
制变量与 4.3、4.4 设置的控制变量相同，故此处不再过多解释其意义
与重要性。四项控制变量的统计数据均来自于 2008—2016 年的《中国
统计年鉴》。

5.3 研究数据与研究模型

本节内容将论述本章研究涉及的研究数据和研究模型。由于本章研
究是第四章研究的延伸和深化，因此在数据的来源和观测值周期选择上
会与第四章保持一致。而在模型选择上，为了反映连续时间周期中各种

影响环境综合治理政策协同与执行的因素造成的持续效果，本章研究将使用面板数据分析模型。因此，本节内容将先阐明数据来源并进行数据的描述性统计，随后将采用多种检验来最终确定面板数据分析所使用的具体模型。

5.3.1　数据来源与变量描述性统计

由于上一章对于三类环境综合治理政策的研究周期都集中在"十一五"计划和"十二五"计划期间，且该时间段能够较好地反映出近年来中国政府和广大民众对于环境综合治理态度的转变，因此选择 2007 年至 2015 年共 9 年的连续数据来研究影响环境综合治理政策协同与执行的各种因素对于省级环境绩效的影响具有十分重要的理论意义和现实意义。此外，在各类统计年鉴中，西藏自治区仅有少部分本章研究所需的数据被纳入统计范畴且其数据分布年份并不连续，为了防止研究模型受到不必要的数据扰动而造成研究结果的偏差，本章研究将剔除西藏自治区的各类相关统计数据，仅研究中国大陆剩余的 30 个省级行政单位的数据。

本章研究的因变量测算涉及的各项原始数据和自变量中的各省级行政单位在国家环保局备案的地方环境标准数量、政府拥有的政策协同与执行力这一维度中的三项指标（环境污染事故发生次数、已处理群众来信来访批次和环境行政处罚案件数量）、政府政策协同与执行的手段这一维度中的四项指标（各省级行政单位的环境监理所数量、环境监理所人数、环境宣传教育活动次数、环境宣教中心机构人数）都来源于《中国环境年鉴》（2008—2016 年）；自变量中的三类环境综合治理政策文件是否对地方政府进行政策协同与执行的责权有详细要求这一指标的相关数据查找自各省、自治区、直辖市环保部门官方网站；来自于《中国统计年鉴》（2008—2016 年）。表 5-3 详细阐释了本章研究涉及的变量、测度、变量类型和数据源。而表 5-4 展现的是各项变量的描述性统计。

表 5-3   变量、测度与数据来源

变量	测度	变量类型	数据源
"工业三废"排放综合达标率	工业废水排放达标率、工业 SO_2 排放达标率、工业粉尘排放达标率与工业固体废弃物处置和综合利用率的等值加权结果（%）	因变量	中国环境年鉴2008—2016
政策协同与执行的责权要求	各省级行政单位的三类环境综合治理政策文件中是否对地方政府政策协同与执行有具体的责权要求（0,1）	自变量	各省、自治区、直辖市环保部门官方网站
各省份备案的地方环境标准数量	省级行政单位在国家环保局备案的地方环境标准数量（件）	自变量	中国环境年鉴2008—2016
环境支出占比	环境支出占省级行政单位财政总支出的比例（%）	自变量	中国环境年鉴2008—2016
工业污染治理投资总额	省级行政单位对工业污染治理进行投资的总金额数量（亿元）	自变量	中国环境年鉴2008—2016
环境污染事故发生次数	省级行政单位一年中发生环境污染事故的次数（次）	自变量	中国环境年鉴2008—2016
已处理群众来信来访批次	省级政府和环保部门已经处置的群众关于环境问题的来信来访数量（次）	自变量	中国环境年鉴2008—2016
环境行政处罚案件数量	省级政府和环保部门一年中进行环境行政处罚的案件数量（件）	自变量	中国环境年鉴2008—2016
环境监理所数量	省级行政单位拥有的环境监理所（监察所）数量（个）	自变量	中国环境年鉴2008—2016

续表

变量	测度	变量类型	数据源
环境监理所执法人数	省级行政单位环境监理所（监察所）具体执法工作人员总数量（个）	自变量	中国环境年鉴 2008—2016
环境宣传教育活动次数	省级行政单位当年开展的社会环境宣传教育活动数量（次）	自变量	中国环境年鉴 2008—2016
环境宣教中心机构人数	省级行政单位环境宣教中心机构的工作人员总数量（个）	自变量	中国环境年鉴 2008—2016
年末人口数量	每年年末省级行政单位的人口数量（万人）	控制变量	中国统计年鉴 2008—2016
人均受教育年限	全省人口的平均受教育年限（年）	控制变量	中国统计年鉴 2008—2016
人均 GDP	人均国民生产总值（元/人民币）	控制变量	中国统计年鉴 2008—2016
第二产业 GDP 占省份总 GDP 比重	第二产业 GDP/省份总 GDP（%）	控制变量	中国统计年鉴 2008—2016

资料来源：根据《中国环境年鉴》（2008—2016 年）、《中国统计年鉴》（2008—2016 年）和各省、自治区、直辖市环保部门官方网站由笔者自制。

表 5-4　　　　　　　**变量的描述性统计**

变量	观测值	平均值	标准差	最小值	最大值
"工业三废"排放综合达标率	270	79.32148	10.45159	38.225	99.625
政策协同与执行的责权要求	270	0.411111	0.492949	0	1
各省份备案的地方环境标准数量	270	3.085185	6.20979	0	46

变量	观测值	平均值	标准差	最小值	最大值
环境支出占比	270	0.03006	0.010893	0.00845	0.067274
工业污染治理投资总额	270	20.24595	18.39462	0.35625	141.646
环境污染事故发生次数	270	17.59259	31.84145	0	251
已处理群众来信来访批次	270	11361.48	14802.47	49	107251
环境行政处罚案件数量	270	3546.681	5576.777	26	38434
环境监理所数量	270	1.214815	0.61439	0	4
环境监理所执法人数	270	44.92222	30.61825	0	204
环境宣传教育活动次数	270	390.8213	486.3723	0	6195
宣教中心机构人数	270	16.1037	8.979344	1	68
年末人口数量	270	4449.691	2666.543	552	10849
人均受教育年限	270	8.732807	0.969406	5.479	12.081
人均 GDP	270	38896.43	21551.49	7273	107960
第二产业 GDP 占省份总 GDP 比重	270	47.74646	7.906155	19.7	61.5

资料来源：根据《中国环境年鉴》（2008—2016 年）、《中国统计年鉴》（2008—2016 年）和各省、自治区、直辖市环保部门官方网站由笔者自制。

5.3.2 研究模型

由于本章研究的目的是分析"十一五"计划和"十二五"计划期间，影响环境综合治理政策协同与执行的各项因素对于省级环境绩效的持续影响，研究的是一个连续时间周期内的整体趋势，所以本章研究拟采用 Stata13.0 分析软件来处理面板数据并建立分析模型。但是当前国内学界并没有采用面板数据模型来系统地分析影响政策协同与执行的因素的先例，因此目前也没有现成的、可供借鉴的标准数据模型供分析使用（郑石明等，2015；Tangetal，2016）。第四章在研究环境综合治理政策对省级环境绩效的影响时发现研究数据存在异方差性和自相关性, 而本章的研究是建立在第四章基础上的, 所采用的研究思路和数据体系都与第四章一脉相承, 因此本章研究涉及的各项数据也有很大的可能性是不完全相互独立的, 本章研究的模型不能简单的使用一般固定效应模型或者随机效应模型, 而是需要根据多重检验的结果来确定最终使用的模型类别。这种研究方式可以更好地处理各种导致数据间产生相互联系的、不可视的因素 (孙建军, 宋军发, 2012)。

为了验证本章使用的研究数据中是否存在异方差性、自相关性以及其他可能存在的情况, 保证研究模型能够与现实契合, 本章研究最终使用的模型类别将在进行 F 检验, 异方差检验和自相关检验等三项检验之后确定。如表 5-5 所示, 依次对本章使用的数据进行 F 检验、Modified Wald 检验和 Wooldridge 检验可以发现本章研究使用的数据拒绝混合模型、拒绝组间方差齐性、拒绝自不相关。因此, 可以得出结论, 本章研究使用的数据确实存在异方差性和自相关性, 并不是完全相互独立的。本章将继续使用 Dricoll-Kraay 标准差固定效应模型来进行相应的调整和修正以保证面板数据分析模型整体的信度、效度和稳定性。

表 5-5　　　　　　　　　面板数据模型的检验及结论

检验模型	Y	检验理论
F 检验	10. 161 (Prob = 0. 0000)	拒绝混合模型
Modified Wald 检验	831. 546 (Prob = 0. 0000)	拒绝组间方差齐性
Wooldridge 检验	9. 815 (Prob = 0. 0000)	拒绝自不相关

资料来源: 根据《中国环境年鉴》(2008—2016 年)、《中国统计年鉴》(2008—2016 年) 和各省、自治区、直辖市环保部门官网由笔者自制。

本章应用于面板数据分析的 Dricoll-Kraay 标准差固定效应模型的方程表达式为：

$$Y_{it} = \alpha_i + \beta_a X_{ait} + \beta_b X_{bit} + \delta_{it}$$

在本方程中，下标 i 代表横截面个体（研究中涉及的 30 个不同省级行政单位），而 t 则代表观测年份（2007—2015 年连续 9 年时间），因变量 Y_{it} 代表各省级行政单位在观测年份的"工业三废"排放综合达标率，X_{ait} 是自变量矩阵，该矩阵包括研究假设中提及的影响环境综合治理政策协同与执行的四大维度中的 11 项具体自变量，X_{bit} 是控制变量矩阵，该矩阵包括 4 项控制变量。X_{ait} 和 X_{bit} 的矩阵表达式分别为

$$X_{ait} = \begin{bmatrix} X_{a1} & X_{a2} \\ X_{a3} & X_{a4} \end{bmatrix} \quad X_{bit} = \begin{bmatrix} X_{b1} & X_{b2} \\ X_{b3} & X_{b4} \end{bmatrix}$$

在 X_{ait} 矩阵中，X_{a1}、X_{a2}、X_{a3} 和 X_{a4} 分别表示自变量矩阵中的影响环境综合治理政策协同与执行的政策设置的合理性与有效性、政府投入的政策资源、政府拥有的政策协同与执行力和政府政策协同与执行的手段等四大维度。而每一维度中又包括了由二至四项具体影响政策协同与执行的因素(自变量)构成的小型矩阵；在 X_{bit} 矩阵中，X_{b1} 至 X_{b4} 分别代表本书使用的四项控制变量。

此外，在上述方程中，系数 α_i 和 δ_{it} 代表了 Dricoll-Kraay 模型中的常数项和残差项，而 βa 和 βb 则分别代表了自变量矩阵的待定系数和控制变量矩阵的待定系数。

5.4 分析结果与讨论

本节将利用 Stata13.0 软件分析研究数据在 Dricoll-Kraay 标准差固定效应模型中的回归表现，进而对研究结论进行解释和讨论。本章面板

数据回归分析的具体结果如表 5-6 所示。

表 5-6   环境综合治理政策协同与执行的面板数据模型分析结果

自变量	Coefficient	Standard Errors
政策协同与执行的责权要求	0.00829*	0.00517
各省份备案的地方环境标准数量	0.7921	0.6095
环境支出占比	2.05613**	0.93075
工业污染治理投资总额	0.01856	0.00611
环境污染事故发生次数	−0.02317*	0.01649
已处理群众来信来访批次	0.00012***	0.000031
环境行政处罚案件数量	0.00014*	0.00009
环境监理所数量	0.81746	0.43537
环境监理所执法人数	0.04592***	0.01506
环境宣传教育活动次数	0.00127*	0.00098
环境宣教中心机构人数	0.06226	0.03023
年末人口数量	−0.00279	0.00169
人均受教育年限	1.3057*	1.016588
人均 GDP	−0.000088	0.000053
第二产业 GDP 占省份总 GDP 比重	−0.42561***	0.12934
Constant	93.42526***	18.43353
Observation	270	
R-squared	0.4039	

注释：*$p<0.1$、**$p<0.05$、***$p<0.01$ 分别表示在 10%、5% 和 1% 的显著性水平下显著（单侧检验）。本书的因变量为"工业三废"排放综合达标率。

资料来源：根据《中国环境年鉴》（2008—2016 年）、《中国统计年鉴》（2008—2016 年）和各省、自治区、直辖市环保部门官方网站由笔者自制。

本章用于分析影响环境综合治理政策协同与执行的因素对于省级环

境绩效影响的面板数据模型 R-squared 拟合的拟合优度超过了 40% 的水平。考虑到研究选取的时间周期和数据总量范围并不是很大，可以得出模型的拟合优度较好的结论。通过单侧检验可以发现，模型整体在 1% 的置信水平下高度显著，说明本书的模型总体而言是有效的。虽然统计分析的结果显示大部分的变量与因变量都呈现出统计显著性，但是也有少部分变量的表现与预期的研究假设并不一致。下面将对研究结果进行具体的解释和说明。

5.4.1 政策设置的合理性与有效性

根据 Dricoll-Kraay 模型分析的结果可以发现，政策设置的合理性与有效性这一维度中的两个自变量——政策协同与执行的责权要求和各省份备案的地方环境标准数量表现得不好。虽然三类环境综合治理政策文件中是否对地方政府进行政策协同与执行的责权有详细要求，这一自变量与因变量"工业三废"排放综合达标率在 10% 的置信水平上呈现正相关关系，但是其较小的相关系数表明，在控制其他因素不变的情况下，在环境综合治理政策文件中对地方政府政策协同与执行的责权有详细要求的省份，在研究的时间周期内对"工业三废"排放综合达标率增幅的平均影响不到 0.01%。虽然政策协同与执行的责权要求对于"工业三废"的排放达标率的影响有着较为显著的统计学意义，但是这种影响的程度十分微弱；与该情况不同的是，虽然各省份在国家环保局备案的地方环境标准数量与"工业三废"排放综合达标率之间不存在统计显著性，但是在研究时间周期内，如果控制其他因素不变，省级行政单位在国家环保局备案的地方环境标准数量每增加一个单位，"工业三废"排放综合达标率就会提升 0.7921 个单位。由以上结果可以看出，当前政策设置的合理性与有效性对于省级环境绩效的影响有限。虽然政府在政策内容的设置上已经考虑到其对于政策协同与执行效果的影响，但是政策内容对地方政府政策协同与执行产生的积极影响依然较弱。除了省级环保目标责任制这样强制性环境责任政策的内容能够有效提升地方政府的政策协同与执行效率,一般性环境综合治理政策和经济类环境综合治理政策中关于地方政府政策协同与执行的内容设置往往难以落到实处;虽然省级行政单位在国家环保局备案的、针对地方的环境标准数量越多越能够提升"工业三废"排放综合达标率,但是这些政策带来的是整体性的综合效果,并不单独针对"工业三废"的排放。这种政策内容的设置虽然带来的效果是积极的,不过从某种程度上而言,并不是有效的(郝春旭等,2016)。这样的设置不能够通过政策制定和政策内容来有效促进政策协同与执行向着确定的政策目标发展,而且可能会因为政策协同与执行的偏移和政策数量过多而引发新的问题。但是,利用政策设置的合理性与有效性来提升省级环境绩效是环境综合治理政策发展的必然趋势。当前中国正在实现从人治到法治的转型,突出制度安排的重要性是解决当前政策协同与执行问题的重要议题(贺东航,孔繁斌,2011)。因此,随着时间的推移和各项环境综合治理政策的修订、完善,合理和有效的政策设置对于政策协同与执行的积极作用必将更加明显,也能在未来更好地推动省级环境绩效的提升。

5.4.2 政府投入的政策资源

根据统计分析的结果可以发现,政府投入的政策资源这一维度中的两项自变量与因变量的关系在本书涉及的时间周期内大不相同。研究结果显示,环境支出占省级行政单位的财政总支出比例与"工业三废"排放综合达标率在1%的置信水平上呈现高度正相关。在2007—2015年(控制其他因素不变的情况下),环境支出占比每增加1%,"工业三废"排放综合达标率平均会提升2.05613%,提升效果十分显著。这说明政府在环境支出上投入的资金数量越多,"工业三废"排放综合达标率就越高,省级环境绩效的提升就越显著。这验证了政策资源的投入能够在一定程度上减少政策协同与执行中遇到的实际困难,并且提升地方政府对于政策协同与执行的重视程度,可以更好地实现预定的政策目标。根据研究假设,工业污染治理投资总额不仅应该与"工业三废"排放综合达标率呈现正相关,且其对于"工业三废"排放综合达标率的积极影响应该超过环境支出占省级行政单位的财政总支出比例对"工业三废"排放综合达标率的积极影响。但是统计分析的结果显示,工业污染治理投资总额与因变量并未在任何置信水平上呈现统计显著性,且这两者的相关系数仅为 0.01856,远低于环境支出占比与"工业三废"排放综合达标率间的相关系数 2.05613。这样的结论与研究假设严重不符。为了寻找导致这一结果的原因,笔者对湖北省环境保护厅和武汉市环境保护局的相关工作人员进行了访谈,并查阅了相关文献资料,访谈的结果和文献资料都证实这一研究结论是符合现状的。根据相关访谈者的论述和文献研究可以发现,工业污染治理投资总额中的大部分资金用于省级政府对地方基层政府和各企业的行政支出与相关补贴方面,这些方面的资金使用对于"工业三废"排放综合达标率并不能造成直接而显著的影响。工业污染治理投资总额中只有少部分投资进入了污染治理设备的研发、治污技术的革新和工业污染物的回收利用等直接可以提升"工业三废"排放综合达标率的政策协同与执行方面(刘然,褚章正,2013;侯保疆,梁昊,2014;Zhao et al,2016)。

因此,虽然省级行政单位的环境支出并不聚焦于"工业三废"排放领域,但是其在"工业三废"排放的政策协同与执行领域的资源投入(特别是财力资源投入)总量和有效程度要远大于实际用于提升"工业三废"排放综合达标率的工业污染治理投资。这就导致了本书中环境支出占省级行政单位的财政总支出比例与"工业三废"排放综合达标率呈现显著正相关关系而工业污染治理投资与因变量则并未表现出统计显著性的状况。

总体而言,政府投入的政策资源对于环境综合治理政策的执行会产生一定程度的积极影响,可以影响到省级环境绩效的提升,但是值得注意的是,政策资源投入的领域和范围对于政策协同与执行的效果影响重大。在环境综合治理政策的执行中,政策资源的投入只有真正落实到能够帮助和促进政策协同与执行的具体领域才能够有效提升省级环境绩效，否则其所能提升的政策协同与执行效果将十分有限。

5.4.3 政府拥有的政策协同与执行力

根据面板数据模型分析结果可以发现，政府拥有的政策协同与执行力这一维度中的三项自变量与因变量都呈现统计显著性。这与研究假设一致，说明政府拥有的政策协同与执行力对环境综合治理政策的有效执行和省级环境绩效的提升有重要影响。

研究结果显示，环境污染事故发生次数与"工业三废"排放综合达标率在 10% 的置信水平上呈现负相关关系。在控制其他因素不变的情况下，环境污染事故发生次数每降低 1%，则 2007—2015 年的"工业三废"排放综合达标率平均会提升 0.02317%。已处理群众来信来访批次与"工业三废"排放综合达标率在 1% 的置信水平上呈现正相关关系。在控制其他因素不变的情况下，省级政府和环保部门已经处理群众来信来访批次每增加 1%，则 2007—2015 年的"工业三废"排放综合达标率平均会提升 0.00012%。而环境行政处罚案件数量与"工业三废"排放综合达标率在 10% 的置信水平上呈现正相关关系。在控制其他因素不变的情况下，省级政府和环保部门环境行政处罚案件数量每增加 1%，则 2007—2015 年的"工业三废"排放综合达标率平均会提升 0.00014%。

上述结果说明省级政府预防环境突发事件的能力、应对公众环境反馈的能力和业务执法能力这三项政策协同与执行力越强，则省级环境绩效越好。相较于政策设置和政策资源投入而言，政府的政策协同与执行力对政策协同与执行效果的影响更为显著。因为在当前的中国，政府仍然是政策协同与执行和推动的主体力量。因此，政府的行政效率和业务能力是当前推动环境综合治理政策协同与执行的关键（李文钊，2015）。从统计分析结果可以得出结论，能够有效预防环境突发事件说明政府有较好的组织能力、动员能力与日常管理能力，这些能力对于环境综合治理政策的顺利执行十分重要（宁骚，2012）；而能够较好应对和处置公众的环境反馈不仅说明政府日常工作的完成度较好，而且较为开明包容，能够把环境综合治理的公利放在首要位置（Parkins，2006），处事公平，主次分明的工作作风和工作态度都是有利于环境综合治理政策顺利执行的。省级政府和环保部门进行环境行政处罚的案件的数量多不仅能够反映出相关部门的业务水平高和工作态度好，而且对于震慑企业和个人的违法违规排污行为有着十分重要的现实意义（Wang and Wheeler，2005）。这种来源于行政机构的处罚不仅反映了政府执行环境综合治理政策的能力，其震慑效果也代表了政府执行环境综合治理政策的决心和态度。

总体而言，政府拥有的政策协同与执行力和环境综合治理政策的执行之间有较为显著的积极关系。这一维度中的三项自变量——政府预防环境突发事件的能力、应对公众环境反馈的能力和业务执法能力都能够在一定程度上帮助环境综合治理政策顺利有效地执行，提升省级环境绩效。但是值得注意的是，政府应对公众环境反馈的能力和业务执法能力这两项自变量与因变量之间的相关系数都较小，仅为 0.00012 和 0.00014。这说明虽然政府应对公众环境反馈的能力和业务执法能力的增强都能够有助于省级环境绩效的提升，但是省级政府和环保部门还需要进一步强化这两项业务能力（齐晔，2014）。政府有关部门的工作人员需要进一步端正工作态度，提升业务水平，改进执法模式，真正靠近群众，走向环保一线，才能够进一步提升政策协同与执行力的作用效果，更好地提升省级环境绩效。

5.4.4 政府政策协同与执行的手段

根据面板数据模型分析的结果可以看出，关于强力政策协同与执行手段的自变量——各省级行政单位的环境监理所（监察所）人数和关于柔性政策协同与执行手段的自变量——环境宣传教育活动次数与因变量"工业三废"排放综合达标率之间会呈现统计显著性。而环境监理所（监察所）数量与环境宣教中心机构人数两项自变量与因变量之间未呈现统计显著性。

研究结果显示，环境监理所（监察所）人数与"工业三废"排放综合达标率在 1%的置信水平上呈现高度正相关。在本书的观测时间段内（2007—2015 年），控制其他因素不变，当环境监理所（监察所）人数每增加 1%时，"工业三废"排放综合达标率会增加 0.04592%；而每年的环境宣传教育活动次数与"工业三废"排放综合达标率则在 10%的置信水平上呈现正相关关系。在本书的观测时间段内（2007—2015 年），控制其他因素不变，当环境宣传教育活动次数每增加 1%时，"工业三废"排放综合达标率会增加 0.00127%。

总体而言，强力政策协同与执行手段和柔性政策协同与执行手段在本书中都能够有助于环境综合治理政策的执行和省级环境绩效的提升。政府两种政策协同与执行的手段都发挥了一定的积极作用，这与预计的研究假设一致。仔细研究本维度包含的四项自变量可以发现，对"工业三废"排放综合达标率和省级环境绩效造成显著影响的两项自变量都与政策协同与执行直接相关，能够直观体现强力/柔性政策协同与执行手段的真实效果，而剩余的两项自变量仅能体现政策协同与执行手段的间接效果。

环境监理所（监察所）的执法人员数量能够表现政府和环保部门直接参与环境监督和执法的具体力量，是强力政策协同与执行手段的直观表现。因此，环境监理所（监察所）的执法人员数量较多，就能带来较好的政策协同与执行效果，有效提升"工业三废"排放综合达标率（齐晔，2014）。而环境监理所（监察所）的数量虽然也能代表政府的强力政策协同与执行手段，但是每个省级行政单位拥有的环境监理所（监察所）数量不必然与其具体参与监理（监察）的执法人员数量成正比。环境监理所（监察所）的数量能够代表的强力政策协同与执行手段对"工业三废"排放达标率的影响较为间接，导致了研究结果的不显著。同样，采用柔性政策协同与执行手段是为了更好地教育和宣传环境保护和污染防治的重要性，提升民众的环保意识和环保自觉性，从而

达到促进环境综合治理政策协同与执行，提升环境绩效的目的
（Hanifzadeh et al，2017；王华，郭红燕，2015）。因此，每年的环境宣
传教育活动次数能够直观地反映出环境宣教活动的频率和柔性政策协同
与执行手段的实施情况，而环境宣教中心机构人员总数则只能间接表现
环境宣教活动的执行效果。这种政策协同与执行手段对政策协同与执行
效果的直接/间接影响导致了柔性政策协同与执行手段中的两项自变量
表现出了不同的统计显著性。

5.4.5 控制变量

本章研究应用的四个控制变量中，年末人口数量与人均 GDP 两个
控制变量与因变量在模型中并未表现出统计显著性，而人均受教育年限
和第二产业 GDP 占省份总 GDP 比重两个控制变量与因变量呈现出统计
显著性。根据面板数据分析的结果，人均受教育年限与"工业三废"
排放综合达标率在 10% 的置信水平上呈现高度正相关，且在控制其他
因素不变的情况下，人均受教育年限在研究观测周期内每增加 1 个单
位，则"工业三废"排放综合达标率会提升 1.3057 个单位。第二产业
GDP 占省份总 GDP 比重与"工业三废"排放综合达标率在 1% 的置信
水平上呈现高度负相关，且在控制其他因素不变的情况下，第二产业
GDP 占省份总 GDP 比重每增加 1%，则"工业三废"排放综合达标率
会降低 0.42561%。通过统计分析可以看出，在表现社会经济发展的各
项因素中，受教育水平和经济结构会对省级环境绩效造成显著影响，而
各个省份人口数量和经济发展水平对省级环境绩效并没有显著而直接的
影响。

民众的人均受教育水平越高则越重视环境综合治理问题，对于环境
综合治理政策的执行就会更加上心和自觉。这与柔性政策协同与执行手
段带来的效果一致，都是激发民众内在的环保积极性和主动性，从而自
觉遵守和执行环境综合治理政策。由于当前中国大部分的省份依然高度
依赖工业产业来发展经济，所以一些省份对可能带来污染的第二产业发

展并没有明确的限制措施，这种模棱两可的态度对环境综合治理政策的执行会带来显著的消极影响。第二产业的蓬勃发展让地方政府和企业获得了巨大的利益，但同时也让他们缺乏足够的理性来考虑环境综合治理政策协同与执行不利带来的惩罚（钟茂初，张学刚，2010），这就导致了工业越发达的省份（第二产业 GDP 占比越高）"工业三废"排放综合达标率越低的状况。而人口数量和人均 GDP 虽然会给环境综合治理政策的有效执行带来一定程度的压力，但是这种压力是通过多种形式表达的，而非全部直接作用于"工业三废"排放综合达标。前文在关于省级固体废弃物回收利用政策的分析中提到近年来人口数量和人均 GDP 两项变量随着循环产业和绿色经济发展开始逐渐给省级环境绩效带来积极影响，但是由于本章分析的是基于长时间周期的面板数据，研究的是全周期的整体趋势，因此这种新近出现的变化并不能在统计结果中显著表现出来。不过不可否认的是，随着我国经济结构的转型和产业升级，人口数量和经济发展水平给环境综合治理政策比较与协同带来的积极效果会愈发明显，从长远看是有利于省级环境绩效提升的。

5.5　研究总结

本章主要通过基于 Dricoll-Kraay 标准差固定效应模型的面板数据分析了影响环境综合治理政策比较与协同的各项因素对于省级环境绩效的影响。研究结果基本印证了研究假设。总体而言，本章研究选取的影响环境综合治理政策比较与协同的各项因素对"工业三废"排放综合达标率会产生一定程度的影响，能够较为显著地影响省级环境绩效。

在自变量矩阵中的四大维度中，政策设置的合理性与有效性这一维度的两项自变量表现一般，对环境综合治理政策的有效执行影响有限，只能在一定程度上影响省级环境绩效；政府投入的政策资源这一维度中的自变量能够有效推动环境综合治理政策比较与协同并提升省级环境绩效。但是政策资源投入的领域和范围十分重要。只有政策资源投入到真正能够帮助和促进政策比较与协同的具体领域才能够有效提升省级环境绩效；政府拥有的政策比较与协同力这一维度的三项自变量都能够较好的推动环境综合治理政策的有效执行，是本章影响省级环境绩效最为显著的因素。但是为了省级环境绩效的提升，省级政府和环保部门依然有必要在今后的工作中进一步强化政策比较与协同力；政府政策比较与协同的手段这一维度的四项自变量表明，无论是强力政策比较与协同手段还是柔性政策比较与协同手段，只要能够应用得当且可以带来直观真实的政策效果，都能有效提升省级环境绩效。

根据公共选择理论，政府和环保部门在环境综合治理政策执行中的行为选择都是基于理性利益考量的。设置怎样的政策内容、投入多少政策资源、是否拥有足够的政策比较与协同力和合适的政策比较与协同手段都是建立在综合利益权衡的基础上。这其中需要考虑的关键在于环境利益和经济利益的均衡。由于经济和工业发展仍然是衡量政府和官员政绩的重要指标，因此政府和环保部门在执行环境综合治理政策时不可能毫无保留经济利益单纯追求环境效益，这种情况会影响环境综合治理政策比较与协同的有效性（於方等，2009）。虽然省级环保目标责任制等强制性环境责任政策将政府和官员牵涉的环境利益放置在十分重要的位置上，但其本质仍然是为了更好地促进相关环境综合治理政策的落实和执行，更好地提升环境绩效，实现环境保护与经济发展的平衡而非让环境保护取代经济发展的位置（周宏春，2009）。一般性环境综合治理政策和经济类环境综合治理政策设置的目标亦是如此，只是政策比较与协同的效果会因为受到地方经济利益的干扰而没有强制性环境责任政策这么明显。

环境效益与经济效益的冲突也是环境综合治理政策比较与协同中各方利益博弈的关键。因为根据公共选择理论的相关论述，环境综合治理政策为了追求环境效益而在一定程度上影响经济效益的做法并不符合大多数人的短时利益和自利心理，因此，环境综合治理政策的执行就可以看成是对集体非理性行为的一种修正，是对以市场和自利为基础的公共选择的有机调整（Kostka，2013），所以环境综合治理政策在执行的过程中，必然会遇到各种阻力。寻租行为或者利益集团的阻挠导致了本章研究中一些本应可以带来显著影响的因素失效。但是，通过本章研究也可以看到，环境综合治理政策的执行总体而言是有效的。这说明通过政策比较与协同来修正集体非理性、调整公共选择以着眼于长期可持续发展的努力基本是成功的。环境综合治理政策的执行协调了各方的利益与纷争，提升了省级环境绩效，基本实现了经济效益与环境效益的平衡发展。

根据政治市场理论的相关观点，政府不仅是三类环境综合治理政策的供给者而且是三类政策的执行者，因此，政策设置和政策资源投入对于政策比较与协同的影响力相对较弱而政府拥有的政策比较与协同力和政策比较与协同手段对于政策协同与执行的影响力较强。这是因为在政治市场中，政府和官员为了自身综合利益特别是政治利益的考量而会在政策比较与协同中有所取舍（Lo，2015）。在缺乏有效外在监管的情况下，政府会利用政治市场中的过滤效应弱化环境综合治理政策中关于政策设置和政策资源的因素的执行效果，以保证自身的利益到达最大化，这会给省级环境绩效带来一定程度的消极影响。而政府拥有的政策比较与协同力和政策协同与执行手段是较为客观的因素，反映的是政府本身拥有的执行政策的能力（Mateeva et al，2008），这些因素受到政治市场过滤效应的影响较弱，对省级环境绩效影响较强，可以较为客观地反映环境综合治理政策比较与协同的真实效果。这就是在本章的统计分析中，关于政府政策比较与协同力和政策比较与协同手段两个维度的自变量表现出较好的统计显著性而关于政策设置和政策资源投入两个维度的自变量表现一般的原因。

政府是当前环境综合治理政策制定和执行的主体，而企业是环境综合治理政策针对的主要对象。这两者的博弈引发了环境综合治理政策比较与协同中的诸多问题。本章的研究显示，当前环境综合治理政策的执行总体取得了较为积极的成果。但是根据公共选择理论和政治市场理论的分析，可以发现政府的政策比较与协同是有局限和边界的，不可能有效应对环境综合治理中的所有问题，也不可能无限度地提升省级环境绩效。因此，在进一步强化政府政策比较与协同的基础上，也需要寻找新的途径和方式来推动环境综合治理政策的有效执行和省级环境绩效的提升。

根据多中心治理理论的观点，除政府之外，民众、企业和其他社会群体都可以成为推动环境综合治理政策比较与协同的重要力量，本章的面板数据分析结果也显示，人均受教育程度的提升会给省级环境绩效带来积极的影响。随着环保意识的提升和参与感的增强，民众将逐渐成为环境综合治理政策比较与协同和监督的重要力量。由于民众在环境综合治理领域拥有直接的利益，所以他们对于环境综合治理政策的有效执行是积极支持和大力推动的。此外，随着中国产业结构的升级和转型，绿色经济和循环产业逐渐成为了经济发展新的趋势，曾经的污染物可以转化成为新兴的原材料，经济效益与环境效益逐渐实现了统一（Zhou et al，2013；Su et al，2013）。企业、政府和民众在环境综合治理政策的执行上也将不再有本质性的利益分歧。企业为了达到经济利益的最大化，会在污染排放领域实现有效的自我约束和自我监督，成为环境综合治理政策顺利执行的重要助力。

而对于建立多主体、多中心的环境综合治理政策比较与协同体系而言，当前最重要的任务是建立制度化的多元政策比较与协同保障机制。将民众、企业以及相关的社会群体都正式纳入环境综合治理政策的执行和监督体系当中可以明确各方权责，有效进行合作与互动，进一步贯彻执行三类环境综合治理政策，有效提升省级环境绩效。

第6章 政 策 建 议

虽然当前的三类环境综合治理政策的比较、协同与其执行情况基本上符合相关政策的预设目标，能在一定程度上提升省级环境绩效，但是政策内容的制定和政策比较与协同过程中仍然存在不少问题。本章将在第四章和第五章研究结果的基础上，针对环境综合治理政策比较、协同及其执行中存在的各种问题，提出相应的政策建议。本章将从加快产业转型，促进经济与环境协调发展，完善环境综合治理政策的设置与修订，加强环境综合治理政策的贯彻与执行和建立多元化的环境综合治理体系等四个方面提出相应的政策建议。本章给出的政策建议都是基于前文的研究结论，在定量分析的基础上结合环境综合治理的实践做出的。这些政策建议对于各类环境综合治理政策的制定、执行与推广都有一定的借鉴意义，能够在一定程度上提升省级环境绩效，进一步促进我国经济、社会与环境的可持续发展。

6.1 加快产业转型、促进经济与环境协调发展

促进环境与经济的协调发展是环境综合治理的本质内容。因此调整产业结构，促进经济转型，使环境效益与经济效益协调一致是提升环境绩效的根本措施。虽然当前我国已经开始了产业转型和经济结构升级，但是这种变化的幅度和领域仍然有限，更多的是一种自发的尝试行为，缺乏有效的政策引导和支持。

因此，政府需要进一步通过政策文件的方式明确环境保护与经济发展的关系，利用政策法规将环境保护正式放置在与经济发展同样重要的位置上。同时，政府还需要进一步加强对产业转型和经济结构升级的重视程度，把发展绿色经济和循环产业作为当前经济结构改革的核心。为了实现这一目标，政府可以从两个方面进行改进：

6.1.1 工业产业的改造和升级

政府应该有计划地主导我国工业产业的改造和升级。本书中影响环境绩效的污染物均来自工业生产的排放，传统的工业体系和生产方式严重影响了环境的可持续发展。除了本书中述及的控制工业污染物排放达标率之外，政府更应该着眼于长远，通过改革和升级工业体系的方式来发展绿色产业，减轻我国当前面临的资源和环境压力。

我国的省级行政单位在遵从中央关于工业产业改造和升级的指导意见的前提下，应该制定自己的工业可持续发展战略，并根据当地具体的社会经济状况来有选择的升级和发展绿色产业和循环经济。各省级行政单位的工业改造和升级计划都需要同时考虑到当地的经济与环境承载能力。如果政府只考虑升级工业产业体系的紧迫性，却忽略了当地的经济/环境承载能力和区域资源优势，就可能会给可持续发展带来新的问题和灾难。只有合适的工业产业改造和升级计划才能够有效提升环境综合治理的效果，促进环境与经济的协调发展。

但是，工业产业的改造和升级特别是购买和升级环保设备和循环产业设备需要大量资金和政策支持，基于环保目的的工业升级行动使得企业在工业产业改造和升级的过程中很难获得直接的经济利益，因此，工业产业的改造和升级很难完全依靠企业和企业家自身完成。中央政府和省级政府应给予地方政府和企业更多的优惠政策和财政补贴，以升级当地工业系统、工厂和环保设备。官方的参与可以引导中国工业体系的改造和升级顺应可持续发展的时代要求，帮助企业在关注利润的同时更加重视环境保护和节能减排。在工业产业改造和升级的具体实践中，各级政府可以充分学习和借鉴发达国家的经验和成功案例，避免改造和升级出现各种不可控的问题。

6.1.2　持续推动社会经济改革

除了工业产业的改造和升级之外，还可以通过持续推动社会经济改革的方式来加快产业转型，促进经济与环境协调发展。社会与经济发展是一把双刃剑，既会给环境综合治理带来压力和负担，也可以给解决环境问题提供机遇。社会经济发展给环境带来的影响取决于政府的态度与行为。

社会与经济发展可以为各级行政单位解决环境综合治理政策制定和执行中遇到的问题提供资金和技术，但其前提是省级行政单位或地市级行政单位具有比较健康的经济结构。可是目前我国以工业为基础的经济结构仍然非常普遍，部分省份的经济结构不合理，这就弱化了社会与经济发展可能带来的环境红利，增加了环境综合治理政策顺利执行的难度。

为了改变这种状况，我国应该进一步弱化对短时 GDP 的关注，把发展的战略重点放在经济和社会改革上，在经济发展、社会发展和环境保护之间实现动态平衡，因此，当前我国的经济和社会结构应该全面转向可持续发展。为了实现这一目标，政府可以采取行政手段和市场手段相结合的方式来进行适当的制度安排。政府在进行社会经济改革时，需要更加注重环保生产方式的应用，要制定更加细化的政策，加强各类政策的执行力度，确保社会经济改革始终在正确的道路上进行；政府还可以借助市场力量通过多种方式来促进金融、IT 和其他对环境无害的新兴绿色产业的发展。在推动社会经济改革的进程中，社会资本、私人资本、外国投资和政府资源都应该被有机整合到一个体系当中用来确保社会经济改革能够朝着有利于环境综合治理的方向顺利进行。

6.2 完善环境综合治理政策的设置与修订

虽然三类环境综合治理政策都能在一定程度上提升省级环境绩效，改善环境质量，但是根据第四章的分析可以发现，当前环境综合治理政策的制定和颁布仍然存在不少问题急需解决和修缮。完善环境综合治理政策的设置与修订对于保持环境综合治理政策的有效性至关重要，只有找出环境综合治理政策中存在的不足和漏洞并对其进行及时的修正和升级才能将省级环境绩效长期维持在高水平。

6.2.1 明确量化目标，细化考评标准

对于我国的环境综合治理政策而言，设置具体的量化考评目标和细致的量化衡量标准是当务之急。虽然各省级行政单位都出台了一系列环境综合治理政策，但是很多政策在设置的过程中仅对环境综合治理提出了宏观的要求和期望而缺乏具体的量化标准。这就会造成政策漏洞，弱化环境综合治理政策的执行效果，助长政府官员的寻租行为和企业的环境违法行为，从而给环境综合治理带来消极影响。为了解决这一问题，政府应该在环境综合治理政策的设置和修订过程中对所有重要的政策制定具体的量化考评指标和对应的考核标准，对所有涉及环境综合治理的方面都用细致的定量指标代替宏观论述。这种做法明确了环境综合治理需要达到的具体标准和效果，规避了由于政策内容论述不清造成的各种问题，可以更好地促进环境综合治理政策的执行和省级环境绩效的提升。

6.2.2 及时修订和更新环境综合治理政策

通过上述研究可以发现，虽然部分省份能够及时根据自身的社会经济和环境状况对环境综合治理政策进行修订和升级，但是也有部分政府、环保部门和政府官员出于多种因素特别是地方发展因素和个人利益

因素的考虑而放弃了环境综合治理政策的升级和修订。本书统计分析的结果显示,如果不及时对环境综合治理政策进行修订和升级,其中的政策漏洞和不合时宜的政策内容会严重降低省级环境绩效,影响政策效果的发挥。因此,政府应该及时修订和更新环境综合治理政策以确保其政策内容的设置符合当前社会经济和环境发展的要求。对于已经落伍或者不合时宜的环境综合治理政策,政府应该果断废除,并根据当前的环境状况制定新的治理政策;对于已经颁布较长时间且政策边际效益显著下降的环境综合治理政策,政府应该及时进行修订和升级以确保其能继续发挥积极作用;对于依然积极有效的环境综合治理政策,政府也不能放松监管,降低重视程度,应该随时注意其执行情况和可能出现的各种问题。此外,在各类环境综合治理政策中,为了保证政策的长期有效性,政府应该明确规定政策的修订时限与修订条件,防止由于地方或个人利益而阻碍政策修订的情况出现。

6.2.3　奖惩并举,提升政策激励效果

在当前实行的三类环境综合治理政策中,虽然也提及了相应的奖惩措施,但是总体而言对于惩罚内容的论述远多于奖励内容,在实际操作的过程中也是以惩戒为主、奖励为辅。这样的政策设置能够在一定程度上震慑官员的寻租行为和可能出现的官商勾结,有利于环境综合治理政策的执行和省级环境绩效的提升。但是从公共选择理论和政治市场理论的角度看,由于缺乏必要的奖励和激励机制,惩罚对官员的震慑作用是有限的且是不断下降的,官员很难长期自觉遵守各类环境综合治理政策并有效执行这些政策。因此,在进一步贯彻落实惩戒制度的基础上,政府也应该加大对于环境综合治理突出地区和官员的奖励力度,并将这一政策落到实处。这样做可以充分调动地方政府和官员参与环境综合治理的积极性,促使官员自觉遵守和执行环境综合治理政策。只有充分调动各级官员的主观能动性,才能从根本上保证环境综合治理政策的长期有效。

6.3 加强环境综合治理政策的贯彻与执行

政策比较与协同环节是政策设置转化为政策目标的必由途径，也是影响政策绩效的重要环节。政策比较与协同的程度与有效性直接决定了政策效果的好坏。总体而言，环境综合治理政策的执行基本达到了预定的效果，在一定程度上实现了政策目标，促进了省级环境绩效的提升。但是通过上文分析可以发现，环境综合治理政策比较与协同的过程中仍然存在诸多的问题需要改进和提升。各级政府和环保部门应该保持对环境综合治理政策比较与协同的高度重视与关注。

6.3.1 客观评价政策比较与协同效果，主动进行信息公开

在环境综合治理政策的执行过程中，有的地方政府和官员为了地方利益和个人利益往往报喜不报忧，将社会公众和上级领导部门关注的焦点集中于环境综合治理政策比较与协同取得的成就而不谈其中存在的不足和问题，存在隐瞒政策比较与协同信息的情况。更有甚者，部分地方官员甚至欺上瞒下，伪造环境综合治理政策协同与执行的相关数据，虚报环境综合治理取得的成就以谋取个人政治利益。为了解决这一情况，政府部门应该强化环境综合治理政策的执行力度，规范环境综合治理政策比较与协同的评价标准，要求各地政府和官员客观评价本地环境综合治理政策的执行情况并主动对社会各界进行信息公开以接受各方监督。关于信息公开的政策措施和执行手段应该写入环境综合治理政策的文本书件中以确保其效力。这样的做法不仅可以曝光环境综合治理政策中存在的各种问题，为后续环境综合治理政策协同与执行工作的开展指明方向，而且可以有效强化环境综合治理政策比较与协同的考核与警示作用，更好地督促各级政府和官员完成环境综合治理任务。

6.3.2　厘清部门权责，力求公正独立

当前环境综合治理政策比较与协同过程中存在的一个重要问题是权责不清。参与环境综合治理政策比较与协同的地方政府、环保部门和其他各政府部门由于利益因素和责任承担等问题在环境综合治理政策比较与协同的过程中存在相互推诿、执行低效甚至受到外在因素干扰的情况。这不仅在很大程度上影响了环境综合治理政策的执行效果和省级环境绩效，也容易助长寻租和行贿的不良风气。因此，省级政府应该出台明确的政策文件厘清地方政府、环保部门和参与环境综合治理的各政府部门的不同职责与权限，明确权力边界与责任，确定政策比较与协同主体部门，防止各部门的推诿与怠工。此外，省级政府还应当予以环境综合治理政策主体部门必要的执法权限与相应的政策支持以防止其他部门或者企业出于各种利益而影响主体部门的政策比较与协同效率。对于恶意消极怠工和破坏环境综合治理政策有效执行的政府部门和有关官员，应当予以严厉打击和惩罚，防止各类不正之风影响到环境综合治理政策比较与协同的独立性和公正性。

6.3.3　端正政策比较与协同态度，提升政策比较与协同能力

虽然当前政府拥有的政策比较与协同力和政策比较与协同手段等因素已经能够有效提升环境综合治理政策的执行效果，但是统计分析的结果显示政府仍然需要进一步端正政策比较与协同态度，加强自身的政策比较与协同能力，优化政策协同与执行手段。提升政府拥有的政策比较与协同能力和执行手段是提升政策比较与协同效果和省级环境绩效最为直接和重要的手段。而为了实现这一目的，政府部门工作人员就必须要端正政策比较与协同的态度，把环境综合治理的重任时刻铭记在心。政府部门工作人员需要进一步重视各类环境反馈和诉求信息，深入环境执法一线，自发自觉地执行好各类环境综合治理政策。为了实现端正政策比较与协同态度，提升政策比较与协同能力的目标，政府可以定期展开

对环境综合治理相关工作人员的工作态度教育和业务技能培训，帮助政府部门工作人员端正工作态度，提升业务技能；同时还需要配合以切实有效的奖惩措施，激励一般工作人员投入更多的时间和精力执行环境综合治理政策；此外，组织与监察部门也应该定期对相关工作人员和政策比较与协同单位进行绩效考评，确保各部门的环境综合治理政策比较与协同力长期维持在较高水平。

6.4　建立多元化的环境综合治理体系

除了上述政策建议之外，我国还应该建立多元化的环境综合治理体系来提升省级环境绩效。中央和省级政府应该鼓励环境综合治理创新机制，采用多元化的手段治理环境问题。根据环境综合治理自身的特点及其利益相关者，各省级行政单位可以从加强对于民众的环保教育，提升民众的环保意识；建立企业和行业间的环境综合治理联盟；引入 NGO 与专家学者参与环境综合治理与监督等三个方面尝试建立多元化的环境综合治理体系。

6.4.1　加强对于民众的环保教育，提升民众的环保意识

教育对于环境综合治理的重要意义在本书中已经获得了证实，受教育年限和教育程度与"工业三废"排放综合达标率都呈现出正相关关系。因此，要提升环境综合治理的效果不仅需要依靠适当的制度安排，还需进一步加强对民众的环保教育，提升民众的环保意识，让各个社会群体自觉主动地参与到保护环境的行动当中。为此，政府应该出台相应措施来提升官员、企业主、学生、农民和其他社会成员的环保教育水平。各省级行政单位需要建立规范的环保教育体系，并将其纳入正式的义务教育、职业教育和培训教育体系当中；政府和环保、教育部门应该通过环保教育和环保宣传引导民众采用健康、环保的生产和生活方式。对于可能带来环境污染和破坏的生活、消费和生产方式应当予以抵制；

各级政府和环保部门还应该建立专业的环保生产培训体系，为企业主、农民和工人提供有效、科学处理污染物和防治环境污染的知识，在生产环节中降低污染物排放的可能性。

6.4.2　建立企业和行业间的环境综合治理联盟

虽然企业是制造各类工业污染的重要来源，也是各类环境综合治理政策针对的主要对象之一，但是将企业纳入多元化的环境综合治理体系当中仍然十分必要。很多企业为了降低生产成本、提升经济效益而违法违规排放污染物，给环境综合治理带来了极大的挑战，更有甚者与地方官员相互勾结，组建利益联盟，通过造假或者行贿等方式逃避污染环境带来的处罚和制裁。这些行为都严重影响环境综合治理政策的执行效果，也大大降低了省级环境绩效。为了解决这一问题，就需要将各企业都纳入企业和行业间的环境综合治理联盟当中。一方面，纳入环境综合治理联盟的企业都成为被政府和社会公众监控的对象，其违法违规的排污行为都会受到政府和其他社会群体的监督与举报；另一方面，企业与行业间的环境综合治理联盟能够有效实现企业、行业间的相互监督和相互促进，不仅能够在一定程度上控制企业的行贿和造假行为，也能在产业改造和升级中实现企业互助。政府不仅需要通过政策文件的方式承认并支持企业和行业间的环境综合治理联盟，更需要给予该类联盟资金和政策层面的实际支持，并确保其运行具有一定的独立性和有效性。虽然政府无需过多干涉企业和行业间的环境综合治理联盟的正常运行，但是也要对其进行必要的指导和监管以确保此类联盟发挥其应有的作用，真正实现通过市场主体提升环境绩效的目的。

6.4.3　引入 NGO 与专家学者参与环境综合治理和监督

除了民众和企业之外，多元化的环境综合治理体系还应该包括非政府组织（NGO）和环境领域的专家学者。在西方国家的环境综合治理体系当中，NGO 和专家学者起到了政府无法取代的作用，对环境综合治理政策的制定、执行和环境绩效的提升做出了突出的贡献。但是出于多种原因，NGO 和专家学者在我国当前的环境综合治理体系当中并没有发挥太多的积极作用。为了提升省级环境绩效，更好地执行和落实环境综合治理政策，政府应该允许 NGO 和专家学者参与到环境综合治理政策的制定、执行和相关监督工作当中。NGO 和专家学者的引入不仅可以从新的专业视角审视环境综合治理政策及其执行中存在的各种问题，给出专业性和针对性的意见和建议，而且可以有效打破政府与企业间构建的利益联盟，保证环境综合治理政策的执行更加透明和公正。为了实现这一目标，政府可以通过政策文件的方式明确 NGO 和专家学者在环境综合治理体系中的地位与作用，在赋予其相应职责的同时确定其权力行使的边界；此外，政府部门还应当邀请非政府组织和专家学者旁听或参与到环境综合治理政策的制定、修订和执行过程当中，将其提出的建议纳入政策考量的范畴，确保 NGO 和专家学者的声音真正能够被听见、被考虑、被落实；最后，NGO 和专家学者的参与并不意味着政府可以在环境综合治理领域放松要求，相反，政府应该更好地履行环境综合治理的责任与义务，特别是在 NGO 和专家学者难以进入的领域，政府应该充分利用其行政权力支持有关部门和专业机构更好地实现环境综合治理的目标。

第 7 章　结论与展望

7.1　主要结论

重视环境综合治理问题，研究环境综合治理政策及其执行对省级环境绩效的影响，不仅有利于促进我国社会经济的可持续发展，更是践行"美丽中国"和"生态文明"理念，全面实现社会主义核心价值观的重要手段与根本要义。本书在梳理前人相关研究的基础上，系统地分析了当前三类主流的环境综合治理政策及各类影响环境综合治理政策比较与协同的因素对省级环境绩效的影响，主要结论如下：

（1）本书厘清了当前我国环境综合治理政策的主要类别，并在文献分析和数据收集的基础上构建了衡量环境综合治理政策及影响其执行的因素的指标体系，确立了环境综合治理研究适用的面板数据模型。当前我国的环境综合治理政策主要可以分为一般性环境综合治理政策、经济类环境综合治理政策和强制性省级环境责任政策三种类别，本书发现环境综合治理的重点在于控制企业的污染排放，因此通过设置"工业三废"排放综合达标率这一指标，对工业废气、工业废水排放达标率和工业固体废弃物处置和回收利用率等指标进行等值加权处理来体现省级环境绩效；通过是否制定、颁布和修订环境综合治理政策、政府的重视程度与投入力度、民众的环境反馈等三大维度中的多项指标和代表社会经济总体发展状况的控制变量构建了衡量环境综合治理政策对省级环境绩效影响的指标体系；而政策设置的合理性与有效性、政府的政策资源投入、政府拥有的政策比较与协同力和政策比较与协同手段等四大维度中的 11 项具体指标和代表社会经济总体发展状况的控制变量构成了本书衡量影响环境综合治理政策比较与协同的因素对省级环境绩效影响的指标体系；通过不同类别政策研究中的多项检验可以发现，本书与环境综合治理政策制定及执行相关的省级面板数据均具有横截面依赖性的特征，数据间存在异方差性和自相关性，因此，相关的类似研究应当选取 Dricoll-Kraay 标准差固定效应模型进行数据处理和分析。

（2）实证研究表明，本书涉及的三类环境综合治理政策都能够对省级环境绩效造成一定程度的影响，能够推动省级环境绩效的提升。其中以省级环保目标责任制为代表的强制性省级环境责任政策对省级环境绩效的影响最大，但是该类政策存在政策效果滞后的情况；以省级排污费征收政策为代表的经济类环境综合治理政策对省级环境绩效的影响次之，但是如不对该类政策进行修订和升级就会导致严重的政策漏洞致使政策失效；以省级固体废弃物回收利用政策为代表的一般性环境综合治理政策对省级环境绩效的影响最弱，且该类政策对于省级环境绩效的影响力随着时间推移会逐渐减弱。

（3）实证研究还印证了影响环境综合治理政策比较与协同的主要维度和其中各项因素对"工业三废"排放综合达标率会产生不同程度的影响，能够影响省级环境绩效。其中，政策设置的合理性与有效性这一维度的两项自变量表现一般，对环境综合治理政策的有效执行影响有限，只能在一定程度上影响省级环境绩效；政府投入的政策资源这一维度中的自变量能够有效推动环境综合治理政策的执行并提升省级环境绩效。但是只有政策资源投入到真正能够帮助和促进政策比较与协同的具体领域才能够有效提升省级环境绩效；政府拥有的政策比较与协同力这一维度的三项自变量都能够较好地推动环境综合治理政策的有效执行。省级政府和环保部门依然有必要进一步强化政策比较与协同力；政府政策比较与协同的手段这一维度的自变量表明，无论何种政策比较与协同手段，只要能够应用得当，都能有效提升省级环境绩效。

（4）通过相关分析可以发现，环境综合治理政策的制定和执行缓解了各方的利益博弈与纷争，促进了环境效益与经济效益的协调发展。在环境综合治理中，政府、企业和其他参与者都是理性人，会因谋求自身利益的最大化而给环境绩效带来消极影响。三类环境综合治理政策的制定和执行可以看成是对理性人短视和自利行为的修正，不仅保护了生态环境，防治了工业污染，而且弱化了环境综合治理中存在的利益联盟、寻租和行贿受贿的情况。在三类环境综合治理政策中，一般性环境综合治理政策对于利益联盟影响力最弱；经济类环境综合治理政策虽然可以通过经济方式有效制约企业的排污行为，但是也可能会加剧寻租和行贿的情况；强制性环境责任政策将理性人的经济利益与环境效益进行了有机的结合，可以在较长的时间维度上维持省级环境绩效的高水平。虽然不同的环境综合治理政策的制定会带来不同的效果，但是环境综合治理政策的执行总体而言是有效的，提升了省级环境绩效，基本实现了政策目标。

（5）本书的分析结果表明，近年来中国的社会经济结构与工业发展模式发生了重大转变，各类社会经济发展因素对环境综合治理政策的制定和执行都会产生不同程度的影响。因此，环境综合治理政策的理念与模式也需要与时俱进，不断调整和修正。首先，我国应该加快产业转型，更好地促进经济与环境协调发展。在这个过程中不仅需要推动工业产业的改造和升级，更要持续推动社会经济的改革。其次，应该进一步完善环境综合治理政策的设置与修订。各类环境综合治理政策均需明确量化目标、细化考评标准，并及时进行修订和更新。此外，政策内容还应该做到奖惩并举以提升激励效果。再次，需要进一步加强环境综合治理政策的贯彻与执行。政府和环保部门应该客观评价政策比较与协同效果，主动进行信息公开。环境综合治理的参与主体需要厘清各部门的不同权责并力求政策比较与协同的公正、独立。最为重要的是，政府和环保部门都应该端正政策比较与协同态度，提升政策协同与执行能力。最后，各省级行政单位还应该建立多元化的环境综合治理体系。政府不仅要加强对于民众的环保教育，提升民众的环保意识，还可以建立企业和行业间的环境综合治理联盟并引入 NGO 与专家学者参与环境综合治理和监督。

7.2　研究创新

本书的主要创新点体现在以下几个方面：

（1）采用公共管理和公共政策的学术视角研究环境综合治理政策的比较、协同与其执行问题。当前我国的政策比较与协同研究仍然处于初级阶段且缺乏必要的规范性与科学性。以公共管理和公共政策的视角来研究环境综合治理问题，将影响环境综合治理政策比较与协同的因素引入对省级环境绩效的分析之中，特别是采用定量研究与模型构建的方式是具有重要开创意义的。这种新的研究视角不仅可以拓展当前我国区域环境综合治理的研究视野和研究方式，也能够为环境综合治理提供客观有效的政策建议。

（2）有机地结合了环境综合治理政策制定、环境综合治理政策比较与协同和环境绩效三个研究领域。当前学界的研究仅仅局限在上述三个领域的某一个方面，但是由于环境问题的复杂性和多样性，如果单纯从其中的某一个方面进行研究很难看清当前我国省级环境问题面临的复杂状况，难以有效找出其中的症结，只能做出各种学理上的猜想。但是将上述三者进行结合，就可以找出三者之间的关联性，有效指出环境综合治理中各处可能出现问题的地方，找出当前环境问题治理难的根源，有效提升省级环境绩效。

（3）将固体废弃物回收利用政策、排污费征收政策和环保目标责任制等不同的环境综合治理政策有机地结合在一个研究当中。当前关于环境综合治理的研究往往集中在某一项具体政策的影响和效用上，忽视了不同政策之间的共性与差异。在现实中，省级环境绩效不是由某一单一政策决定的，而是多个政策共同作用的结果。因此，将多个政策整合在环境综合治理的研究中，不仅能够横向比较各政策的优势与不足，而且有助于更加全面和系统地评估环境综合治理政策的执行情况，避免由于过于专注某一单一政策而出现的偏颇。

（4）使用面板数据研究省级单位的环境综合治理状况。虽然当前我国学者已经开始利用区域环境综合治理的相关理论对省级行政单位的环境问题进行研究，但是这种研究大多还是以描述构建指标体系或是定性研究某一省份案例为主，缺乏有效的定量研究，特别是长周期的面板数据研究。本书采用面板数据的方式从横向上可以比较各省份环境发展的状况和不同省份环境综合治理存在的差异；从纵向上可以了解各省份在不同时间段内表现出的不同环境状况。面板数据的应用能够很好地描述和解释长时间周期内、各省份环境综合治理过程中的总体状况、存在的问题以及发展趋势。这种研究方法能够精确化判断环境综合治理政策制定和执行的效果，对于深化环境综合治理研究具有积极意义。

7.3　研究不足与展望

虽然环境综合治理政策的制定及执行情况是当前社会各界关注的热点问题，但是学界仍然缺乏从公共管理和公共政策的角度来深入分析环境综合治理政策的实证研究。学界对环境综合治理的相关研究主要集中在描述性研究和案例研究上，缺乏客观、规范的定量研究。当前学界没有完全适用于环境综合治理政策研究特别是政策比较与协同研究的面板数据分析模型，也没有客观规范的评价指标或权威的衡量方法。对相关研究结果的准确判断和解读也仍然处于摸索阶段，有不少的局限性，因此，虽然本书从官方权威发布渠道获取研究信息和数据，也采用了较为成熟、科学和规范的研究范式进行分析，但是鉴于环境综合治理问题的复杂性和多样性，本书仍存在不足之处。所以，在后续的研究中需要注意各类相关问题，尽量弥补当前研究存在的局限和不足，更好地为我国省级环境保护和污染防治做出贡献。

（1）本书选取的量化指标维度和具体衡量指标仍有提升空间。本书选定的变量维度和具体变量指标均源于区域和环境综合治理的相关文献以及政府部门颁布的相关文件。但是在现实中，环境综合治理政策和影响环境综合治理政策比较与协同的因素对于省级环境绩效的影响会受到诸多因素的干扰，并非定量模型中使用的衡量指标能够穷尽。加上由于数据缺失和统计困难等问题，很多重要和具有理论与现实意义的指标并未纳入本书的指标体系当中。虽然本书也设置了控制变量和残差项对这些因素进行控制，但是仍然具有一定的提升和改进空间。随着我国环境统计制度的日益完善，许多具有重要指标意义的统计数据开始逐步被纳入各类统计年鉴当中，为环境综合治理研究中量化指标维度和具体衡量指标的完善提供了便利。后续研究可以逐步将这类指标增补到现有的指标维度和体系当中，更加准确地衡量环境综合治理政策及影响环境综合治理政策比较与协同的因素对于省级环境绩效的影响。

（2）当前仍然缺乏衡量政策内容有效性的具体指标。采用量化研究方式来衡量政策内容的有效性是当前学界世界性的难题之一。虽然本书中采用是否制定（颁布）和修订环境综合治理政策来研究环境综合治理政策对于省级环境绩效的影响符合当前学界的研究规范，具有一定的科学性，但是无法对政策内容进行量化仍然是本书的遗憾。随着各项环境综合治理政策的日益完善，政策内容中也开始包含专业性的量化考评细则和具体的衡量标准，这就为后续研究对政策内容进行定量处理提供了可能性。后续研究将在现有研究的基础上进一步深入分析不同类型环境综合治理政策的具体政策内容对省级环境绩效的影响。

（3）为了研究近年环境综合治理领域出现的新情况和新变化，本书主要关注的研究周期是从"十一五"计划到"十二五"计划期间，研究时段为 2007 年至 2015 年。但是部分一般性环境综合治理政策和经济类环境综合治理政策制定和颁布已有超过 40 年的时间，9 年的时间并不能完全反映这些环境综合治理政策发展与演变的全貌。此外，9 年的研究时段虽然足以反映出近年来各类环境综合治理政策的平均效果和水平，但是从面板数据分析的角度而言，观测周期仍然较短。因此，在后续深入分析一般性环境综合治理政策和经济类环境综合治理政策的研究中，可以有针对性地延长研究时段，尽可能全面、客观地反映这些环境综合治理政策的变迁与绩效。

（4）虽然本书采用的是定量研究为主、定性研究为辅、定量定性相结合的研究方式，但是由于环境综合治理问题的敏感性和复杂性，其中权力与利益牵绊较多，仅有少量政府官员和专业人士愿意参与访谈并进行有限度的交流，大部分的访谈者仅愿意进行验证性问题的回答而不愿意过多主动提及环境综合治理领域存在的各种问题特别是其中的利益联盟，因此，在本书中，访谈结果仅被应用在有限的领域中用于验证定量统计分析的结果，这也是本书的遗憾之一。在后续的研究中，可以试图接触更多的政府官员、NGO 组织成员和环境领域的专家学者并对他们进行开放式深度访谈，从多元角度深入理解环境综合治理政策制定和执行中存在的各种问题。

参 考 文 献

[1] 布坎南. 自由、市场和国家 [M]. 北京：北京经济学院出版社，1989.

[2] 蔡立辉. 政府绩效评估：现状与发展前景 [J]. 中山大学学报（社会科学版），2007，5：82-90.

[3] 曹东，宋存义，曹颖，等. 国外开展环境绩效评估的情况及对我国的启示 [J]. 价值工程，2008，10：7-12.

[4] 曹颖. 环境绩效评估指标体系研究——以云南省为例 [J]. 生态经济，2006，5：330-332.

[5] 曹颖，曹东. 中国环境绩效评估指标体系和评估方法研究 [J]. 环境保护，2008，14：36-38.

[6] 陈洪生. 试析西方政治市场理论的缺陷 [J]. 江西师范大学学报（哲学社会科学版），2003，36（5）：77-80.

[7] 陈洪生. 政治市场：一个作为概念与研究方法的政治术语 [J]. 江西行政学院学报，2005，7（2）：18-20.

[8] 陈梦筱. 西方政治市场均衡的经济学分析 [J]. 湖北经济学院学报（人文社会科学版），2007，4（6）：53-54.

[9] 陈艳敏. 多中心治理理论：一种公共事务自主治理的制度理论 [J]. 新疆社科论坛，2007，3：35-38.

[10] 陈静，林逢春. 国际企业环境绩效评估指标体系差异分析 [J]. 城市环境与城市生态，2005，4：18-20.

［11］ 陈潭，刘兴云. 锦标赛体制、晋升博弈与地方剧场政治［J］. 公共管理学报，2011，2：21-33，125.

［12］ 陈招顺，汪翔. 公共选择理论的理论渊源及其对现代西方经济学的影响［J］. 上海社会科学院学术季刊，1990，1：24-33.

［13］ 陈振明. 公共政策分析教程［M］. 北京：中国城市出版社，2004.

［14］ 崔亚飞，刘小川. 中国省级税收竞争与环境污染——基于1998—2006年面板数据的分析［J］. 财经研究，2010，4：46-55.

［15］ 戴伊，齐格勒. 民主的嘲讽［M］. 北京：世界知识出版社，1991.

［16］ 丹尼尔·C. 缪勒. 公共选择理论［M］. 北京：中国社会科学出版社，1999.

［17］ 丁煌，定明捷. "上有政策、下有对策"——案例分析与博弈启示［J］. 武汉大学学报（哲学社会科学版），2004，6：804-809.

［18］ 董岩. 提高公共政策协同与执行力的路径选择［J］. 黑龙江科技信息，2010，1：104.

［19］ 董战峰，郝春旭，李红祥，等. 2016年全球环境绩效指数报告分析［J］. 环境保护，2016，44（20）：52-57.

［20］ 范柏乃，朱华. 我国地方政府绩效评价体系的构建和实际测度［J］. 政治学研究，2005，1：84-95.

［21］ 冯涛，陈华. 排污费征收方式的新探索［J］. 环境保护，2009，18：39-40.

［22］ G. 塔洛克，左建龙. 什么是公共选择理论？［J］. 国外社会科学，1991，11：59-62.

［23］ 龚虹波. 执行结构-政策协同与执行-执行结果——一个分析中国公共政策协同与执行的理论框架［J］. 社会科学，2008，3：105-111，190.

［24］ 国涓，刘丰，王维国. 中国区域环境绩效动态差异及影响因素——考虑可变规模报酬和技术异质性的研究［J］. 资源科学，2013，35（12）：2444-2456.

[25] 郝春旭, 翁俊豪, 董战峰, 等. 基于主成分分析的中国省级环境绩效评估 [J]. 资源开发与市场, 2016, 32 (1): 26-30.

[26] 贺东航, 孔繁斌. 公共政策协同与执行中国经验 [J]. 中国社会科学, 2011, 5: 61-79.

[27] 侯保疆, 梁昊. 治理理论视角下的乡村生态环境污染问题——以广东省为例 [J]. 农村经济, 2014, 1: 91-95.

[28] 胡鞍钢, 鄢一龙, 吕捷. 从经济指令计划到发展战略规划: 中国五年计划转型之路 (1953—2009) [J]. 中国软科学, 2010, 8: 14-24.

[29] 胡键. 知识、制度、利益: 理解中国改革的三个维度 [J]. 华东师范大学学报 (哲学社会科学版), 2013, 1: 109-122.

[30] 黄爱宝. 全球环境综合治理与生态型政府构建 [J]. 南京农业大学学报 (社会科学版), 2008, 3: 70-76.

[31] 黄爱宝. 生态行政创新与低碳政府建设 [J]. 社会科学研究, 2010, 5: 11-16.

[32] 黄爱宝. 政府生态责任终身追究制的释读与构建 [J]. 江苏行政学院学报, 2016, 1: 108-113.

[33] 黄小卜, 熊建华, 王英辉, 等. 基于 PSR 模型的广西生态建设环境绩效评估研究 [J]. 中国人口·资源与环境, 2016, S1: 168-171.

[34] 蒋雯, 王莉红, 陈能汪, 等. 政府环境绩效评估中隐性绩效初探 [J]. 环境污染与防治, 2009, 31 (8): 90-92.

[35] 靳东升, 龚辉文. 排污费改税的历史必然性及其方案选择 [J]. 地方财政研究, 2010, 9: 13-18.

[36] 李程伟. 政治与市场: 横断科学视角的思考 [J]. 兰州大学学报, 1997, 3: 125-130.

[37] 李宏伟. 我国政府环境管理绩效评估之探讨 [J]. 理论前沿, 2007, 19: 25-26.

[38] 李文钊. 环境管理体制演进轨迹及其新型设计 [J]. 改革, 2015, 4: 69-80.

[39] 李晓龙. 区域环境合作治理的理论依据与实践路径 [J]. 湘潮, 2016, 5: 51-53.

[40] 李晓媚. 生态伦理视角下的企业环境绩效评价维度研究 [J]. 经济师, 2014, 2: 40-41.

[41] 梁木生. 试论政治的市场化 [J]. 天中学刊, 1999, 14 (1): 1-6.

[42] 梁木生. 政治体制改革需要把握政治平衡——兼析我国政治体制改革的艰难 [J]. 南京社会科学, 1998, 7: 34-40.

[43] 刘丹. 水资源环境绩效审计评价体系研究 [J]. 审计月刊, 2015, 1: 15-18.

[44] 刘峰, 孔新峰. 多中心治理理论的启迪与警示——埃莉诺·奥斯特罗姆获诺贝尔经济学奖的政治学思考 [J]. 行政管理改革, 2010, 1: 68-72.

[45] 刘建胜. 循环经济视角下的企业环境绩效评价指标体系设计 [J]. 商业会计, 2011, 11: 31-32.

[46] 刘俊秀. 环境公共政策评估方法分析 [J]. 内蒙古财经学院学报, 2012, 4: 81-86.

[47] 刘然, 褚章正. 我国现行环境保护政策评述与国际比较 [J]. 江汉论坛, 2013, 1: 28-32.

[48] 刘永祥, 宋轶君. 国内外环境绩效评价研究现状及启示 [J]. 市场论坛, 2006, 2: 6, 8.

[49] 卢小兰. 中国省级区域资源环境绩效实证分析 [J]. 江汉大学学报 (社会科学版), 2013, 1: 38-44.

[50] 罗柳红, 张征. 关于环境政策评估的若干思考 [J]. 北京林业大学学报 (社会科学版), 2010, 1: 123-126.

[51] 吕忠梅. 《环境保护法》的前世今生 [J]. 政法论丛, 2014, 5: 51-61.

［52］ 马建仙，杨靖. 公共政策制定过程中的寻租行为分析［J］. 昆明理工大学学报（社会科学版），2006，3：60-64.

［53］ 迈克尔·博兰尼. 自由的逻辑［M］. 长春：吉林人民出版社，2002.

［54］ 莫勇波. 政府执行力：当前公共行政研究的新课题［J］. 中山大学学报（社会科学版），2005，1：68-73，125.

［55］ 倪星，何晟. 公共选择理论的政治学含义［J］. 探索，1997，4：49-53.

［56］ 宁国良. 论公共政策协同与执行偏差及其矫正［J］. 湖南大学学报（社会科学版），2000，14（3）：95-98.

［57］ 宁骚. 中国公共政策为什么成功？——基于中国经验的政策过程模型构建与阐释［J］. 新视野，2012，1：17-23.

［58］ 彭乾，邵超峰，鞠美庭. 基于 PSR 模型和系统动力学的城市环境绩效动态评估研究［J］. 地理与地理信息科学，2016，32（3）：121-126.

［59］ 齐晔. 环境保护从监管到治理的转变［J］. 环境保护，2014，13：15-17.

［60］ 钱再见. 影响公共政策协同与执行主体的深层机制探究［J］. 理论与改革，2001，3（3）：26-29.

［61］ 钱再见，金太军. 公共政策协同与执行主体与公共政策协同与执行"中梗阻"现象［J］. 中国行政管理，2002，2：56-57.

［62］ R. A. W. 罗茨，杨雪冬. 新治理：没有政府的管理［J］. 经济管理文摘，2005，14：41-46.

［63］ 冉冉. "压力型体制"下的政治激励与地方环境综合治理［J］. 经济社会体制比较，2013，3：111-118.

［64］ 石昶，陈荣. 中国排污费制度监管环节博弈分析［J］. 生态经济，2012，6：72-74.

［65］ 石磊，马士国. 环境管制收益和成本的评估与分配［J］. 产业经

济研究，2006，5：33-40，56.

[66] 宋国君，马中. 环境政策评估及对中国环境保护的意义［J］. 环境保护 2003，12：34-37.

[67] 宋国君，金书泰. 论环境政策评估的一般模式［J］. 环境污染与防治，2011，33（5）：100-106.

[68] 孙建军，宋军发. ASEAN＋3 区域金融一体化程度：Feldstein-Horioka 方法［J］. 广西大学学报（哲学社会科学版），2012，34（1）：26-32.

[69] 孙立平. 博弈：断裂社会的利益冲突与和谐［M］. 北京：社会科学文献出版社，2006.

[70] 唐啸，胡鞍钢，杭承政. 二元激励路径下中国环境政策协同与执行——基于扎根理论的研究发现［J］. 清华大学学报（哲学社会科学版），2016，3：38-49，191.

[71] 王彩虹，彭训广，孙越天，孙力. 环保目标责任制实施中存在的问题及其对策探讨［J］. 中小企业管理与科技（下旬刊），2010，7：195-196.

[72] 王华，郭红燕. 国家环境社会治理工作存在的问题与对策建议［J］. 环境保护，2015，21：38-42.

[73] 王金南，李晓亮，葛察忠. 中国绿色经济发展现状与展望［J］. 环境保护，2009，5：53-56.

[74] 王丽珂. 地方政府社会建设绩效定量研究——以河南省为例［J］. 商业时代，2014，31：51-53.

[75] 王丽珂. 地方政府污染治理与公众环境抗争的行动逻辑——基于博弈的分析框架［J］. 北京工业大学学报（社会科学版），2016，16（3）：24-28.

[76] 王晓宁，毕军，刘蓓蓓，等. 基于绩效评估的地方环境保护机构能力分析［J］. 中国环境科学，2006，26（3）：380-384.

[77] 王兴伦. 多中心治理：一种新的公共管理理论［J］. 江苏行政学

院学报，2005，1：96-100.

［78］ 王学杰. 我国公共政策协同与执行力的结构分析 ［J］. 中国行政管理，2008，7：62-65.

［79］ 王玉明. 城市群环境共同体：概念、特征及形成逻辑 ［J］. 北京行政学院学报，2015，5：19-27.

［80］ 王志刚. 多中心治理理论的起源、发展与演变 ［J］. 东南大学学报 （哲学社会科学版），2009，S2：35-37.

［81］ 王志刚，龚六堂. 财政分权和地方政府非税收入：基于省级财政数据 ［J］. 世界经济文汇，2009，5：17-38.

［82］ 吴庆. 我国政策协同与执行研究现状的实证分析 ［J］. 中国青年政治学院学报，2005，2：56-62.

［83］ 乌兰，周建. 论我国区域环境绩效评估的发展与应用 ［J］. 东岳论丛，2012，8：171-174.

［84］ 习近平. 切实把思想统一到党的十八届三中全会精神上来 ［J］. 现代企业，2014，37：4-6.

［85］ 肖建华，邓集文. 生态环境综合治理的困境及其克服 ［J］. 云南行政学院学报，2007，1：96-99.

［86］ 熊建华，黄小卜，程昊，等. 基于 PSR 模型的生态建设环境绩效评估研究——以南宁市为例 ［J］. 环境与可持续发展，2016，5：150-153.

［87］ 徐鲲，李晓龙. 连片特困地区生态环境综合治理路径探析——基于新区域主义的视角 ［J］. 贵州社会科学，2014，7：143-148.

［88］ 徐鲲，李晓龙，冉光和. 地方政府竞争对环境污染影响效应的实证研究 ［J］. 北京理工大学学报 （社会科学版），2016，1：18-24.

［89］ 许亚宣，赵玉婷，李小敏，等. 中原经济区城市资源环境绩效指标体系构建与实证 ［J］. 环境科学研究，2016，6：925-935.

［90］ 许云霄. 公共选择理论 ［M］. 北京：北京大学出版社，2006.

[91] 薛晓芃，张海滨. 东北亚地区环境综合治理的模式选择——欧洲模式还是东北亚模式？[J]. 国际政治研究，2013，3：52-68.

[92] 杨丹晖. 公共选择理论及其启示 [J]. 山东大学学报（哲学社会科学版），1994，1：103-106.

[93] 杨妍. 环境公民社会与环境综合治理体制的发展 [J]. 新视野，2009，4：42-44.

[94] 於方，董战峰，过孝民，等. 中国环境保护规划评估制度建设的主要问题分析 [J]. 环境污染与防治，2009，10：91-94.

[95] 俞可平. 经济全球化与治理的变迁 [J]. 哲学研究，2000，10：17-24.

[96] 俞可平. 推进国家治理体系和治理能力现代化 [J]. 前线，2014，1：5-8.

[97] 于水. 多中心治理与现实应用 [J]. 江海学刊，2006，5：105-110.

[98] 袁向华. 排污费与排污税的比较研究 [J]. 中国人口·资源与环境，2012，S1：40-43.

[99] 张炳淳. 构建现代生态环境善治机制 [J]. 环境保护，2011，19：44-46.

[100] 张高丽. 大力推进生态文明，努力建设美丽中国 [J]. 求是，2013，24：3-11.

[101] 张克中. 公共治理之道：埃莉诺·奥斯特罗姆理论述评 [J]. 政治学研究，2009，6：83-93.

[102] 张明明，李焕承，蒋雯，等. 浙江省生态建设环境绩效评估方法初步研究 [J]. 中国环境科学，2009，29（6）：594-599.

[103] 张秋. 环境综合治理制度的逆向选择与矫正 [J]. 华南师范大学学报（社会科学版），2009，6：102-106.

[104] 章泉. 中国城市化进程对环境质量的影响——基于中国地级城市数据的实证检验 [J]. 教学与研究，2009，3：32-38.

［105］张伟. 政治市场：民商阶层行为逻辑的新视角［J］. 经济社会体制比较, 2015, 6：167-175.

［106］张为波, 王莉. 试论公共政策协同与执行的阻碍因素及对策［J］. 西南民族大学学报（人文社会科学版）, 2005, 26（3）：173-176.

［107］郑石明, 雷翔, 易洪涛. 排污费征收政策协同与执行力影响因素的实证分析——基于政策协同与执行综合模型视角［J］. 公共行政评论, 2015, 1：29-52, 198-199.

［108］钟茂初, 张学刚. 环境库兹涅茨曲线理论及研究的批评综论［J］. 中国人口·资源与环境, 2010, 20（2）：62-67.

［109］周国雄. 论公共政策协同与执行力［J］. 探索与争鸣, 2007, 6：34-37.

［110］周宏春. 改革开放三十年中国环境保护政策演变［J］. 南京大学学报（哲学人文科学社会科学版）, 2009, 1：31-41.

［111］周生贤. 我国环境保护的发展历程与探索［J］. 人民论坛, 2014, 3：10-13.

［112］朱昔群. 政党政治市场与政党制度的发展［J］. 马克思主义与现实, 2007, 5：87-91.

［113］Alchian A A, Demsetz H. Production, Information Costs, and Economic Organization［J］. The American Economic Review, 1972, 62（5）：777-795.

［114］Allison G T, Halperin M H. Bureaucratic Politics：A Paradigm and Some Policy Implications［J］. World Politics, 1972, 24（S1）：40-79.

［115］Andrews S Q. Inconsistencies in Air Quality Metrics："Blue Sky" Days and PM10 Concentrations in Beijing［J］. Environmental Research Letters, 2008, 3（3）：58-69.

［116］Arbulú I, Lozano J, Rey-Maquieira J. Tourism and Solid Waste

Generation in Europe: A Panel Data Assessment of the Environmental Kuznets Curve [J]. Waste Management, 2015, 46: 628-636.

[117] Bache I, Bartle I, Flinders M, et al. Blame Games and Climate Change: Accountability, Multi-Level Governance and Carbon Management [J]. The British Journal of Politics and International Relations, 2015, 17 (1): 64-88.

[118] Buchanan J M. Public Finance and Public Choice [J]. National Tax Journal, 1975, 28 (4): 383-394.

[119] Buchanan J M, Tollison R D. The Theory of Public Choice [M]. Ann Arbor: University of Michigan Press, 1984.

[120] Gao J. Governing by Goals and Numbers: A Case Study in the Use of Performance Measurement to Build State Capacity in China [J]. Public Administration and Development, 2009, 29 (1): 21-31.

[121] Cent J, Grodzińska-Jurczak M, Pietrzyk-Kaszyńska A. Emerging Multilevel Environmental Governance-A Case of Public Participation in Poland [J]. Journal for Nature Conservation, 2014, 22 (2): 93-102.

[122] Chandrasekharan I, Kumar R S, Raghunathan S, et al. Construction of Environmental Performance Index and Ranking of States [J]. Current Science, 2013, 104 (4): 435-439.

[123] Chen W, Chen J, Xu D, et al. Assessment of the Practices and Contributions of China's Green Industry to the Socio-Economic Development [J]. Journal of Cleaner Production, 2017, 153: 648-656.

[124] Chen X, Geng Y, Fujita T. An Overview of Municipal Solid Waste Management in China [J]. Waste Management, 2010, 30 (4): 716-724.

[125] Ciocirlan C E. Analysing Preferences Towards Economic Incentives in

Combating Climate Change: A Comparative Analysis of US states [J]. Climate Policy, 2008, 8 (6): 548-568.

[126] Clarkson P M, Li Y, Richardson G D, et al. Revisiting the Relation Between Environmental Performance and Environmental Disclosure: An Empirical Analysis [J]. Accounting, Organizations and Society, 2008, 33 (4): 303-327.

[127] Coase R H. The Problem of Social Cost [J]. The Journal of Law and Economics, 1960, 4 (3): 1-69.

[128] Dasgupta S, Laplante B, Mamingi N, et al. Inspections, Pollution Prices, and Environmental Performance: Evidence from China [J]. Ecological Economics, 2001, 36 (3): 487-498.

[129] DriscollJ, Kraay A. Consistent Covariance Matrix Estimation with Spatially Dependent Panel Data [J]. Review of Economics and Statistics, 1998, 80 (4): 549-560.

[130] Esty D C, Levy M A, Srebotnjak T, et al. Pilot 2006 Environmental Performance Index [M]. New Haven: Yale Center for Environmental Law & Policy, 2006.

[131] Esty D C, Porter M E. National Environmental Performance: an Empirical Analysis of Policy Results and Determinants [J]. Environment and Development Economics, 2005, 10 (4): 391-434.

[132] Evans KE, KlingerT. Obstaclesto Bottom - UpImplementationof Marine Ecosystem Management [J]. Conservation Biology, 2008, 22 (5): 1135-1143.

[133] Ezeah C, Roberts C L. Analysis of Barriers and Success Factors Affecting the Adoption of Sustainable Management of Municipal Solid Waste in Nigeria [J]. Journal of Environmental Management, 2012, 103: 9-14.

[134] Feiock R C, Tavares A F, Lubell M. Policy Instrument Choices for

Growth Management and Land Use Regulation [J]. Policy Studies Journal, 2008, 36 (3): 461-480.

[135] Fisher R J. Contested Common Land: Environmental Governance Past and Present [J]. Australian Geographer, 2013, 44 (1): 114-125.

[136] Gao J. Pernicious Manipulation of Performance Measures in China's Cadre Evaluation System [J]. The China Quarterly, 2015, 223: 618-637.

[137] Hanifzadeh M, Nabati Z, Longka P, et al. Life Cycle Assessment of Superheated Steam Drying Technology as A Novel Cow Manure Management Method [J]. Journal of Environmental Management, 2017, 199: 83-90.

[138] Harrison T, Kostka G. Manoeuvres for A Low Carbon State: the Local Politics of Climate Change in China and India [J]. Development Leadership Program, Research Paper, 2012, 22: 43-57.

[139] Heberer T, Schubert G. County and Township Cadres as A Strategic Group. A New Approach to Political Agency in China's Local State [J]. Journal of Chinese Political Science, 2012, 17 (3): 221-249.

[140] Hsu A, Alexandre N, Cohen S, et al. Environmental Performance Index [M]. New Haven: Yale University Press, 2016.

[141] Hsu A, Lloyd A, Emerson J W. What Progress Have We Made Since Rio? Results from the 2012 Environmental Performance Index (EPI) and Pilot Trend EPI [J]. Environmental Science & Policy, 2013, 33: 171-185.

[142] Hu A, Yan Y, Liu S. The "Planning Hand" under the Market Economy-Evidence from Energy Intensity [J]. China Industrial Economics, 2010, 7: 5-9.

[143] Huang H F, Kuo J, Lo S L. Review of PSR Framework and

Development of A DPSIR Model to Assess Greenhouse Effect in Taiwan [J]. Environmental Monitoring and Assessment, 2011, 177 (1): 623-635.

[144] Ingram R W, Frazier K B. Environmental Performance and Corporate Disclosure [J]. Journal of Accounting Research, 1980, 18 (2): 614-622.

[145] Jahiel A R. Research note. The Contradictory Impact of Reform on Environmental Protection in China [J]. The China Quarterly, 1997, 149: 81-103.

[146] Jasch C. Environmental Performance Evaluation and Indicators [J]. Journal of Cleaner Production, 2000, 8 (1): 79-88.

[147] Keohane N O, Revesz R L, Stavins R N. The Choice of Regulatory Instruments in Environmental Policy [J]. Harvard Environmental Law Review, 1998, 22 (2): 313.

[148] Klassen R D, McLaughlin C P. The Impact of Environmental Management on Firm Performance [J]. Management Science, 1996, 42 (8): 1199-1214.

[149] Kortelainen M. Dynamic Environmental Performance Analysis: A Malmquist Index Approach [J]. Ecological Economics, 2008, 64 (4): 701-715.

[150] Kostka G. Environmental Protection Bureau Leadership at the Provincial Level in China: Examining Diverging Career Backgrounds and Appointment Patterns [J]. Journal of Environmental Policy & Planning, 2013, 15 (1): 41-63.

[151] Lee J D, Park J B, Kim T Y. Estimation of the Shadow Prices of Pollutants with Production/Environment Inefficiency Taken into Account: a Nonparametric Directional Distance Function Approach [J]. Journal of Environmental Management, 2002, 64 (4):

365-375.

[152] Lee N, Walsh F. Strategic Environmental Assessment: An Overview [J]. Project Appraisal, 1992, 7 (3): 126-136.

[153] Lehtonen M. Deliberative Democracy, Participation, and OECD Peer Reviews of Environmental Policies [J]. American Journal of Evaluation, 2006, 27 (2): 185-200.

[154] Lester J P, Bowman A O M. Implementing Environmental Policy in a Federal System: A Test of the Sabatier-Mazmanian Model [J]. Polity, 1989, 21 (4): 731-753.

[155] Levrel H, Kerbiriou C, Couvet D, et al. OECD Pressure-State-Response Indicators for Managing Biodiversity: A Realistic Perspective for A French Biosphere Reserve [J]. Biodiversity and Conservation, 2009, 18 (7): 1719-1732.

[156] Li W. Environmental Governance: Issues and Challenges [J]. Environmental Law Reporter, 2006, 36: 98-102.

[157] Li Y, Zhao X, Li Y, et al. Waste Incineration Industry and Development Policies in China [J]. Waste Management, 2015, 46: 234-241.

[158] Libecap G D. Contracting for Property Rights [M]. New York: Cambridge University Press, 1989.

[159] Lipsky M. Street-Level Bureaucracy, 30th ann. Ed.: Dilemmas of the Individual in Public Service [M]. New York: Russell Sage Foundation, 2010.

[160] Liu L, Zhang B, Bi J. Reforming China's Multi-Level Environmental Governance: Lessons from the 11th Five-Year Plan [J]. Environmental Science & Policy, 2012, 21: 106-111.

[161] Lloyd B. State of Environment Reporting Australia: A Review [J]. Australian Journal of Environmental Management, 1996, 3 (3):

151-162.

[162] Lo K. How Authoritarian Is the Environmental Governance of China? [J]. Environmental Science & Policy, 2015, 54: 152-159.

[163] Long E, Franklin A L. The Paradox of Implementing the Government Performance and Results Act: Top - Down Direction for Bottom - Up Implementation [J]. Public Administration Review, 2004, 64 (3): 309-319.

[164] Lubell M, Feiock R C, Ramirez E. Political Institutions and Conservation by Local Governments [J]. Urban Affairs Review, 2005, 40 (6): 706-729.

[165] Marshall G. Nesting, Subsidiarity, and Community-Based Environmental Governance Beyond the Local Scale [J]. International Journal of the Commons, 2008, 1 (1): 75-97.

[166] Mateeva A, Hart D, Mackay S. Environmental Governance in A Multi-Level Institutional Setting [J]. Energy & Environment, 2008, 19 (6): 779-786.

[167] Matisoff D C. The Adoption of State Climate Change Policies and Renewable Portfolio Standards: Regional Diffusion or Internal Determinants? [J]. Review of Policy Research, 2008, 25 (6): 527-546.

[168] Mintrom M. Policy Entrepreneurs and the Diffusion of Innovation [J]. American Journal of Political Science, 1997, 41 (3): 738-770.

[169] Molotch H. The City as A Growth Machine: Toward A Political Economy of Place [J]. American Journal of Sociology, 1976, 82 (2): 309-332.

[170] Newig J, Koontz T M. Multi-Level Governance, Policy Implementation and Participation: the EU's Mandated Participatory Planning

Approach to Implementing Environmental Policy [J]. Journal of European Public Policy, 2014, 21 (2): 248-267.

[171] Olson, M. The Logic of Collective Action: Public Goods and the Theory of Groups [M]. Cambridge: Harvard University Press, 1965.

[172] O'Reilly M, Wathey D, Gelber M. ISO 14031: Effective Mechanism to Environmental Performance Evaluation [J]. Corporate Environmental Strategy, 2000, 7 (3): 267-275.

[173] Ostrom, E. Governing the Commons: The Evolution of Institutions for Collective Action [M]. Cambridge: Cambridge University Press, 1990.

[174] Ostrom E. The Value-Added of Laboratory Experiments for the Study of Institutions and Common-Pool Resources [J]. Journal of Economic Behavior & Organization, 2006, 61 (2): 149-163.

[175] Ostrom E. Beyond Markets and States: Polycentric Governance of Complex Economic Systems [J]. Transnational Corporations Review, 2010, 2 (2): 1-12.

[176] Ostrom E, Walker J, Gardner R. Covenants with and without A Sword: Self-Governance Is Possible [J]. American Political Science Review, 1992, 86 (2): 404-417.

[177] Ostrom, V., Tiebout, C. M., & Warren, R. The Oganization of Government inMetropolitan Areas: A Theoretical Inquiry [J]. American Political Science Review, 1961, 55 (4): 831-842.

[178] Parkins J R. De-centering Environmental Governance: A Short History and Analysis of Democratic Processes in the Forest Sector of Alberta, Canada [J]. Policy Sciences, 2006, 39 (2): 183-202.

[179] Pearce D W, Markandya A, Barbier E. Blueprint for A Green Economy [M]. Berlin: Earthscan, 1989.

[180] Phillips P, Sul D. Dynamic Panel Estimation and Homogeneity

Testing under cross Section Dependence [J]. The Econometrics Journal, 2003, 6 (1): 217-259.

[181] Qi Y, Ma L, Zhang H, et al. Translating A Global Issue into Local Priority: China's Local Government Response to Climate Change [J]. The Journal of Environment & Development, 2008, 17 (4): 379-400.

[182] Revell A, Rutherfoord R. UK Environmental Policy and the Small Firm: Broadening the Focus [J]. Business Strategy and the Environment, 2003, 12 (1): 26-36.

[183] Rogge N. Undesirable Specialization in the Construction of Composite Policy Indicators: The Environmental Performance Index [J]. Ecological Indicators, 2012, 23: 143-154.

[184] Russo M V, Fouts P A. A Resource-Based Perspective on Corporate Environmental Performance and Profitability [J]. Academy of Management Journal, 1997, 40 (3): 534-559.

[185] Sabatier P, Mazmanian D. The Implementation of Public Policy: A Framework of Analysis [J]. Policy Studies Journal, 1980, 8 (4): 538-560.

[186] Samuelson P A. The Pure Theory of Public Expenditure [J]. The Review of Economics and Statistics, 1954, 36 (4): 387-389.

[187] Samuelson, P. A. Diagrammatic Exposition of a Theory of Public Expenditure [J]. The Review of Economics and Statistics, 1955, 37 (4): 350-356.

[188] Schaltegger S, Synnestvedt T. The Link between "Green" and Economic Success: Environmental Management as the Crucial Trigger between Environmental and Economic Performance [J]. Journal of Environmental Management, 2002, 65 (4): 339-346.

[189] Scholz J T. Cooperation, Deterrence, and the Ecology of Regulatory

Enforcement [J]. Law and Society Review, 1984, 18 (2):
179-224.

[190] Scholz J T, Wei F H. Regulatory Enforcement in a Federalist
System [J]. American Political Science Review, 1986, 80 (4):
1249-1270.

[191] Schreifels J J, Fu Y, Wilson E J. Sulfur Dioxide Control in China:
Policy Evolution during the 10th and 11th Five-year Plans and
Lessons for the Future [J]. Energy Policy, 2012, 48: 779-789.

[192] Scipioni A, Mazzi A, Zuliani F, et al. The ISO 14031 Standard to
Guide the Urban Sustainability Measurement Process: An Italian
Experience [J]. Journal of Cleaner Production, 2008, 16 (12):
1247-1257.

[193] Spangenberg J H, Bonniot O. Sustainability Indicators: A Compass on
the Road Towards Sustainability [R]. Wuppertal Papers, 1998.

[194] Su B, Heshmati A, Geng Y, et al. A Review of the Circular Economy
in China: Moving from Rhetoric to Implementation [J]. Journal of
Cleaner Production, 2013, 42: 215-227.

[195] Tang X, Liu Z, Yi H. Mandatory Targets and Environmental
Performance: An Analysis Based on Regression Discontinuity
Design [J]. Sustainability, 2016, 8 (9): 931.

[196] Tong Y. Bureaucracy Meets the Environment: Elite Perceptions in Six
Chinese Cities [J]. The China Quarterly, 2007, 189: 100-121.

[197] Troschinetz A M, Mihelcic J R. Sustainable Recycling of Municipal
Solid Waste in Developing Countries [J]. Waste Management,
2009, 29 (2): 915-923.

[198] Tsang S, Burnett M, Hills P, et al. Trust, Public Participation and
Environmental Governance in Hong Kong [J]. Environmental Policy
& Governance, 2009, 19 (2): 99-114.

[199] Vermeire T G, Jager D T, Bussian B, et al. European Union System for the Evaluation of Substances (EUSES). Principles and Structure [J]. Chemosphere, 1997, 34 (8): 1823-1836.

[200] Wakita K, Yagi N. Evaluating Integrated Coastal Management Planning Policy in Japan: Why the Guideline 2000 Has not Been Implemented [J]. Ocean & Coastal Management, 2013, 84: 97-106.

[201] Wang H, Wheeler D. Financial Incentives and Endogenous Enforcement in China's Pollution Levy System [J]. Journal of Environmental Economics and Management, 2005, 49 (1): 174-196.

[202] Wang S, Hao J. Air Quality Management in China: Issues, Challenges, and Options [J]. Journal of Environmental Sciences, 2012, 24 (1): 2-13.

[203] Xu Y. The Use of A Goal for SO_2 Mitigation Planning and Management in China's 11th Five-Year Plan [J]. Journal of Environmental Planning and Management, 2011, 54 (6): 769-783.

[204] Yi H. Green Businesses in A Clean Energy Economy: Analyzing Drivers of Green Business Growth in US states [J]. Energy, 2014, 68: 922-929.

[205] Zhang D Q, Tan S K, Gersberg R M. Municipal Solid Waste Management in China: Status, Problems and Challenges [J]. Journal of Environmental Management, 2010, 91 (8): 1623-1633.

[206] Zhang X, Ortolano L, Lü Z. Agency Empowerment Through the Administrative Litigation Law: Court Enforcement of Pollution Levies in Hubei Province [J]. The China Quarterly, 2010, 202: 307-326.

[207] Zhao X, Jiang G, Li A, et al. Technology, Cost, A Performance of Waste-To-Energy Incineration Industry in China [J]. Renewable and

Sustainable Energy Reviews, 2016, 55: 115-130. How Local Governments Assisted Industrial Enterprises in Achieving Energy-Saving Targets [J]. Energy Policy, 2014, 66: 170-184.

[208] Zhou B, Sun C, Yi H. Solid Waste Disposal in Chinese Cities: An Evaluation of Local Performance [J]. Sustainability, 2017, 9 (12): 2234-2256.

[209] Zhou P, Poh K L, Ang B W. A Non-Radial DEA Approach to Measuring Environmental Performance [J]. European Journal of Operational Research, 2007, 178 (1): 1-9.

[210] Zhou X, Lian H. Bureaucratic Bargaining in the Chinese Government: The Case of Environmental Policy Implementation [J]. Social Sciences in China, 2011, 5 (8): 80-96, 221.

[211] Zhou X, Lian H, Ortolano L, et al. A Behavioral Model of "Muddling Through" in the Chinese Bureaucracy: The Case of Environmental Protection [J]. The China Journal, 2013 (70): 120-147.